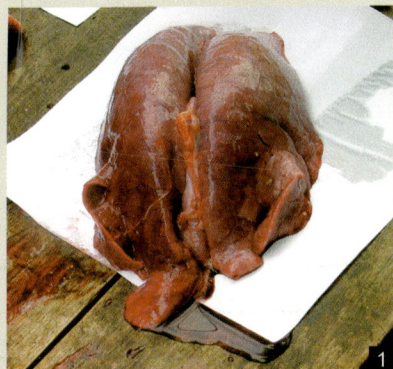

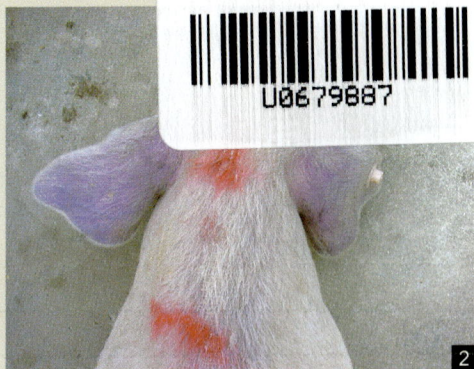

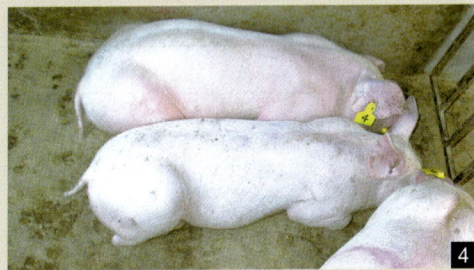

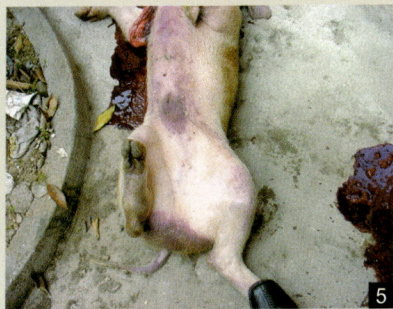

1. 猪繁殖与呼吸综合征：肺脏水肿和肉变
2. 猪繁殖与呼吸综合征：耳朵呈蓝紫色
3. 猪繁殖与呼吸综合征：肾脏有出血点
4. 猪繁殖与呼吸综合征：精神沉郁，呼吸困难
5. 猪繁殖与呼吸综合征：腹部和胯部出血和淤血
6. 猪繁殖与呼吸综合征：母猪繁殖障碍、流产

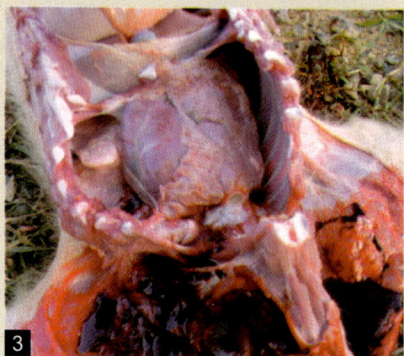

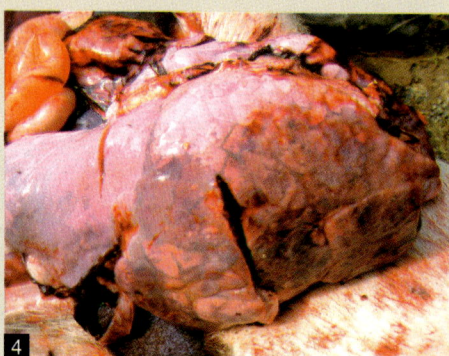

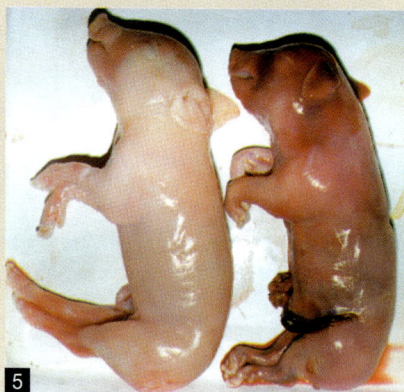

1. 猪流感：病猪厌食，体温升高，精神沉郁

2. 猪流感：病猪流鼻液

3. 猪流感：气管有白色或乳白色泡沫状黏性分泌物

4. 猪流感：肺叶间质明显水肿，呈紫红色

5. 猪伪狂犬病：流产胎儿

6. 猪伪狂犬：病猪出现目光呆滞及神经症状

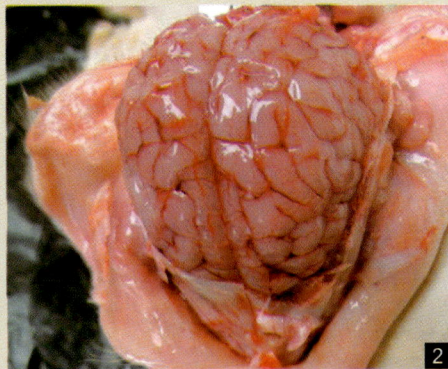

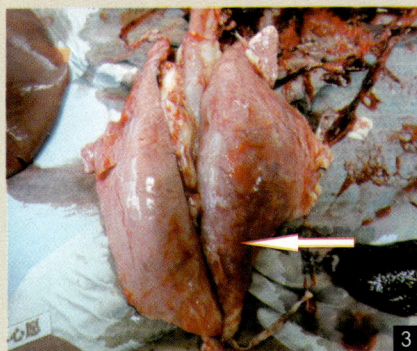

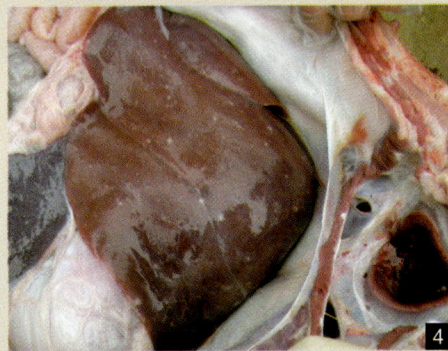

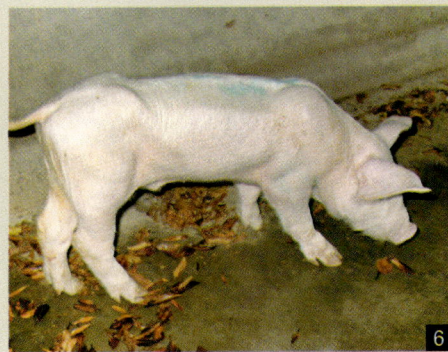

1. 猪伪狂犬病：小肠出血、水肿
2. 猪伪狂犬病：脑膜水肿、充血
3. 猪伪狂犬病：肺脏水肿、出血
4. 猪伪狂犬病：肝脏出现白色坏死点
5. 猪伪狂犬病：喉头水肿、溃疡
6. 猪圆环病毒病：体重减轻和消瘦

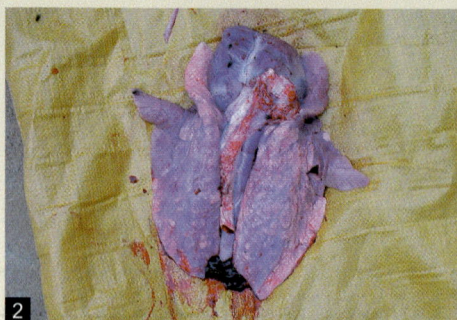

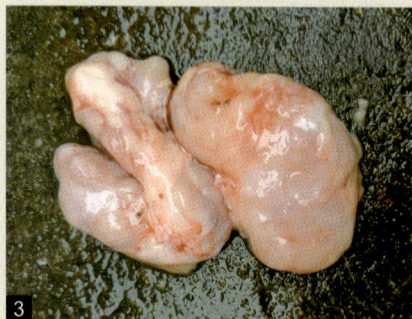

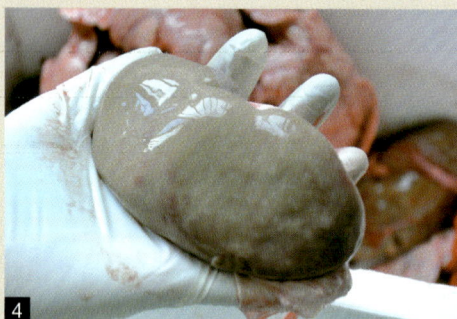

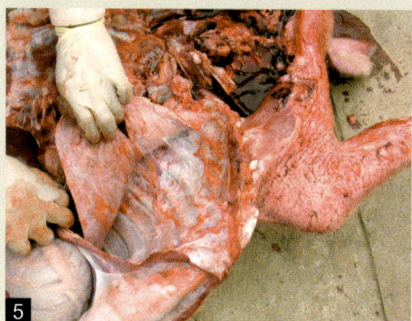

1. 猪圆环病毒病：脾脏增大、坏死　　4. 猪圆环病毒病：肾脏白色坏死灶

2. 猪圆环病毒病：肺表面呈花斑状　　5. 猪肺疫：肺脏与胸膜粘连

3. 猪圆环病毒病：淋巴结肿大　　　　6. 猪肺疫：皮肤有紫斑或小出血点

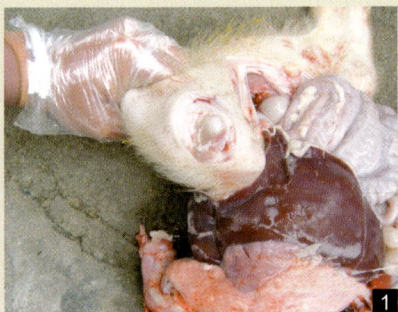

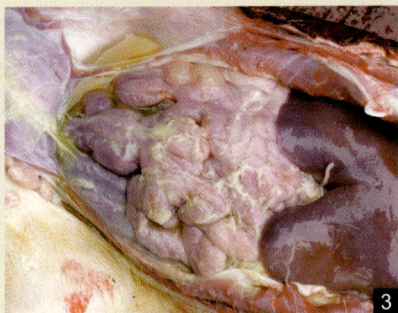

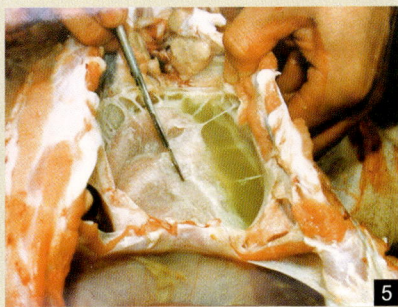

1. 副猪嗜血杆菌病：关节炎

2. 副猪嗜血杆菌病：关节肿胀

3. 副猪嗜血杆菌病：纤维素性腹膜炎

4. 副猪嗜血杆菌病：精神沉郁，食欲不振，最后不食，消瘦

5. 副猪嗜血杆菌病：纤维素性心包炎、胸膜炎

6. 猪链球菌病：鼻流出淡红色液体，腹下有紫红斑

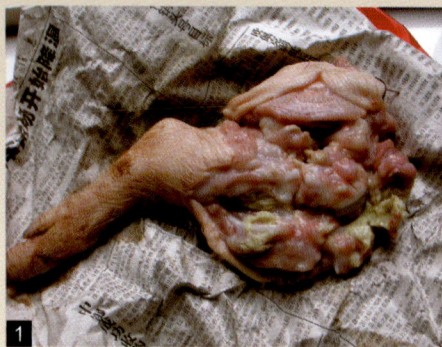

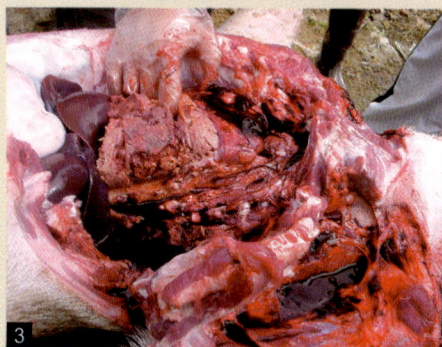
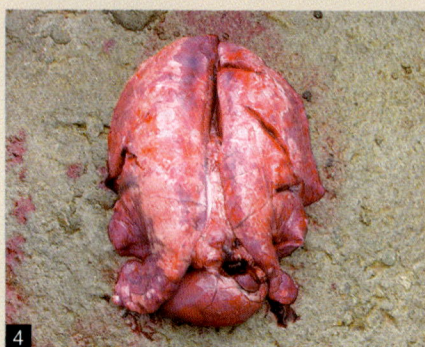
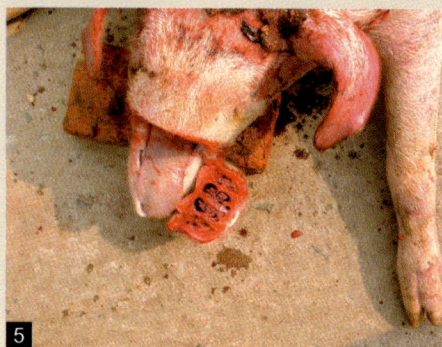

1. 猪链球菌病：关节肿大、化脓
2. 猪链球菌病：神经症状
3. 猪链球菌病：胸腹腔有多量液体
4. 猪气喘病：肺炎病变，两侧肺病变大致对称
5. 萎缩性鼻炎：鼻腔软骨和骨组织软化和萎缩
6. 猪瘟：精神高度沉郁，常挤卧在一起

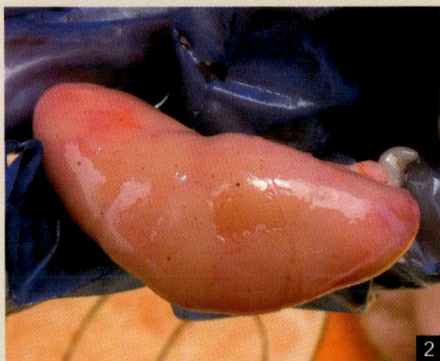
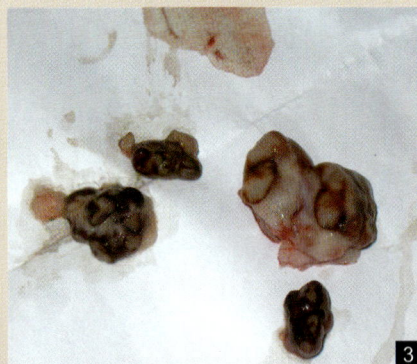

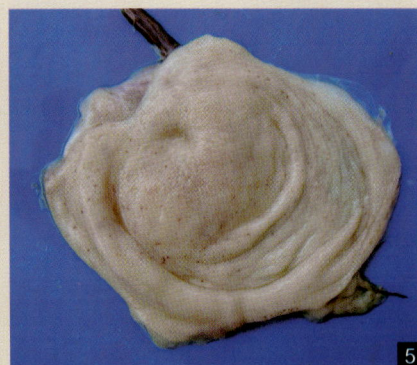

1. 猪瘟：回盲端溃疡
2. 猪瘟：肾有细小出血点
3. 猪瘟：淋巴结大理石样变
4. 猪瘟：母猪流产
5. 猪瘟：膀胱出血点
6. 猪瘟：耳尖坏死

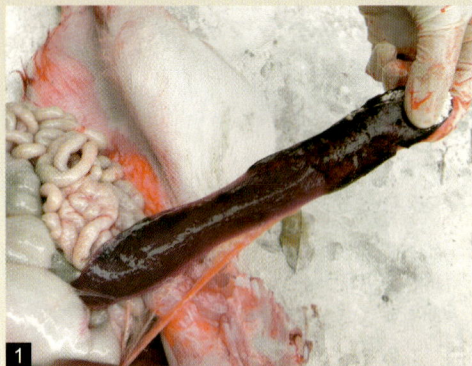

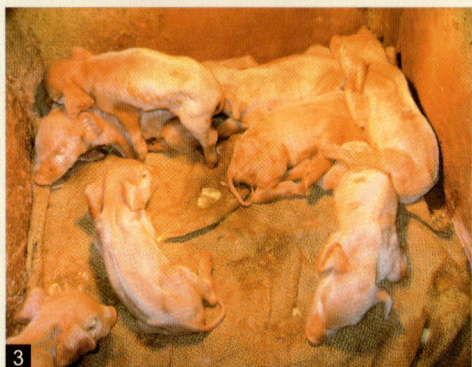

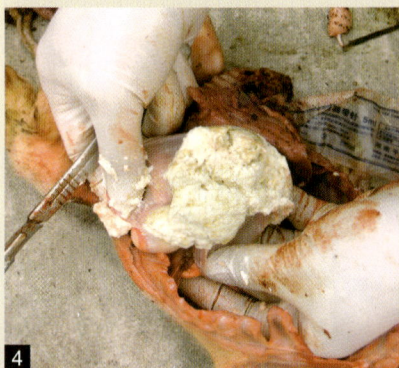

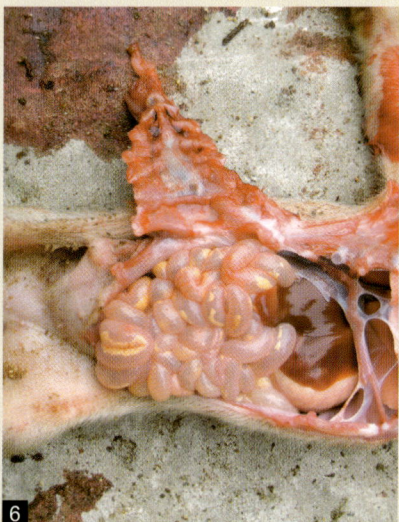

1. 猪瘟：脾脏周边有坏死

2. 猪瘟：肋骨出血点

3. 猪传染性胃肠炎：病猪呕吐

4. 猪传染性胃肠炎：胃内有大量乳白色凝乳块

5. 猪传染性胃肠炎：病猪严重脱水、消瘦

6. 猪传染性胃肠炎：肠壁变薄，有透明感

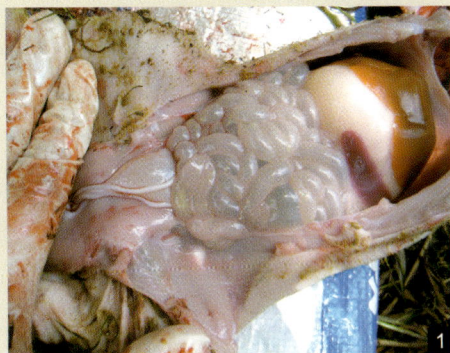

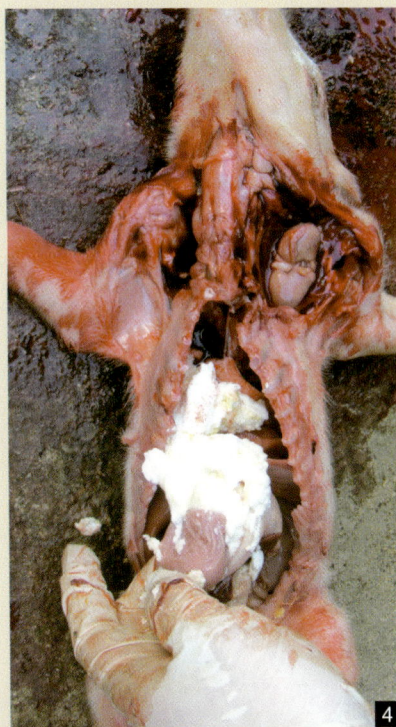

1. 猪流行性腹泻：肠壁变薄，外观明亮
2. 猪流行性腹泻：病猪表现脱水、行走蹒跚，精神沉郁
3. 猪流行性腹泻：病猪表现呕吐
4. 猪流行性腹泻：胃有凝乳块
5. 仔猪黄痢：粪便呈黄色浆状
6. 猪痢疾：腹泻水样黏液性，绿色

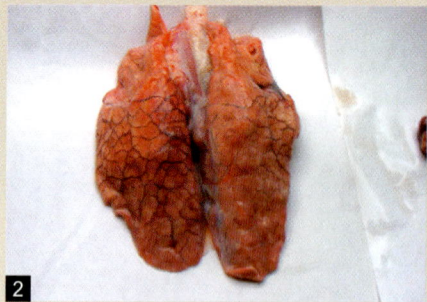

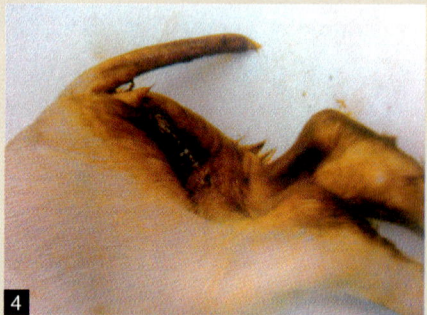

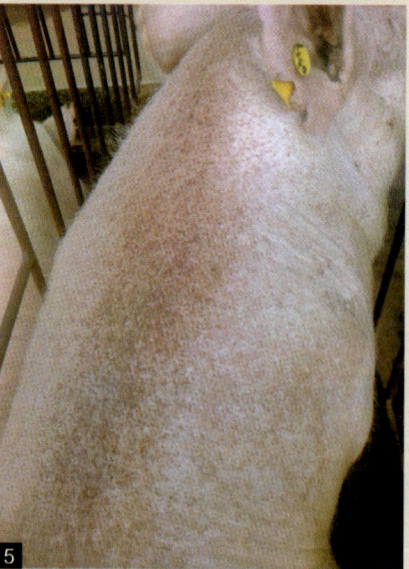

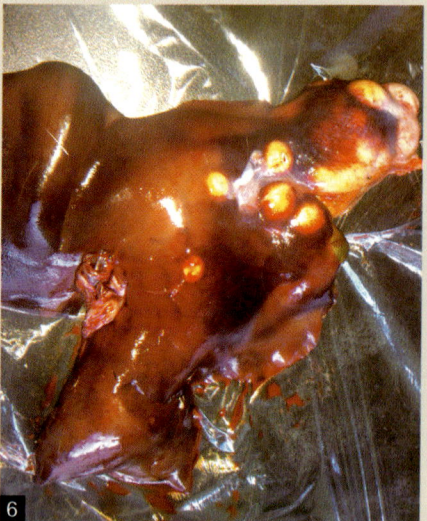

1. 猪弓形虫病：肝脏肿大，出现灰白色坏死灶
2. 猪弓形虫病：肺水肿，间质增宽，有胶冻样物质渗出
3. 猪蛔虫病：肝脏中的白色斑块
4. 猪球虫病：粪便糊状或液状
5. 猪疥螨病：皮肤形成痂皮
6. 霉菌毒素中毒：肝脏化脓损伤

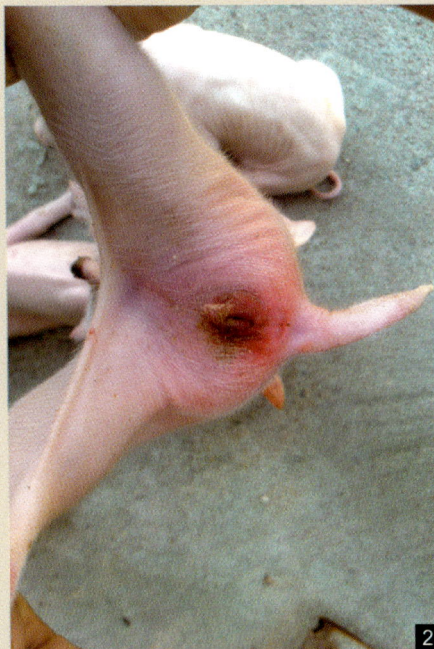

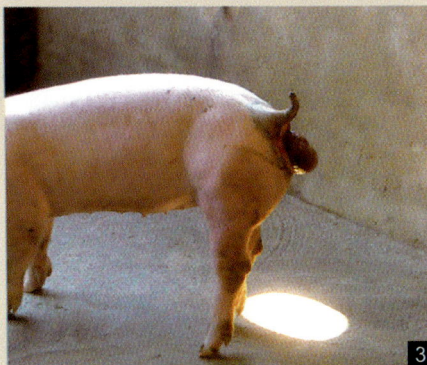

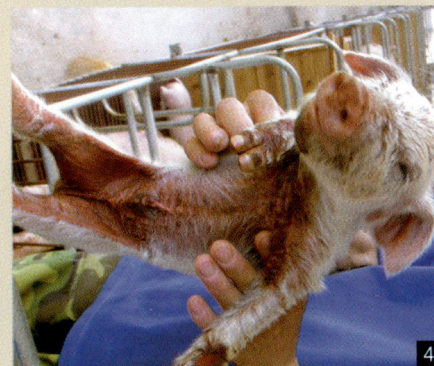

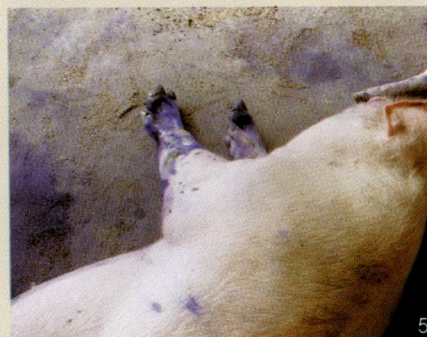

1. 霉菌毒素中毒：八字腿
2. 霉菌毒素中毒：阴门红肿
3. 霉菌毒素中毒：生长猪脱肛
4. 渗出性皮炎：皮屑和污垢凝固痂块，灰色或黑色
5. 口蹄疫：蹄部肿胀
6. 口蹄疫：鼻端出现水疱

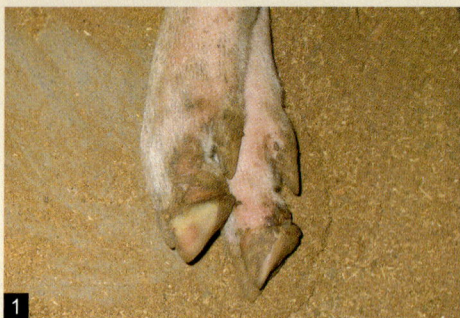

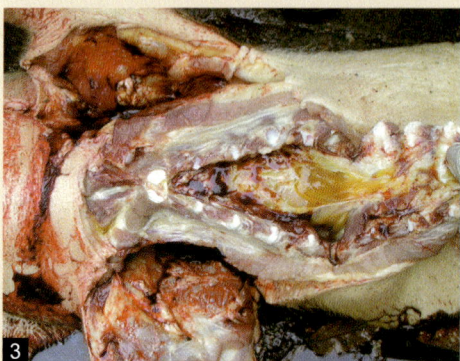

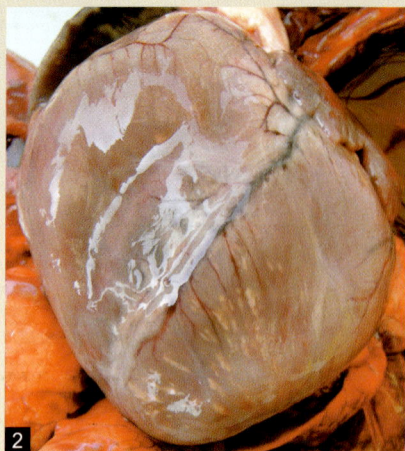

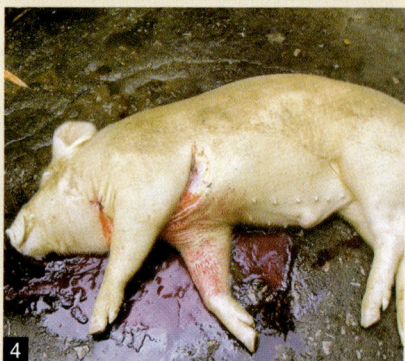

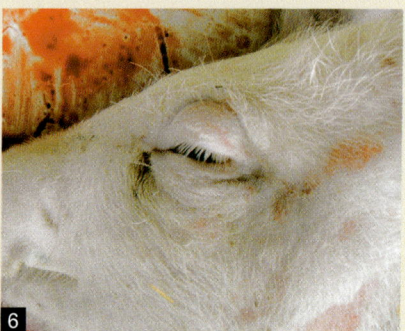

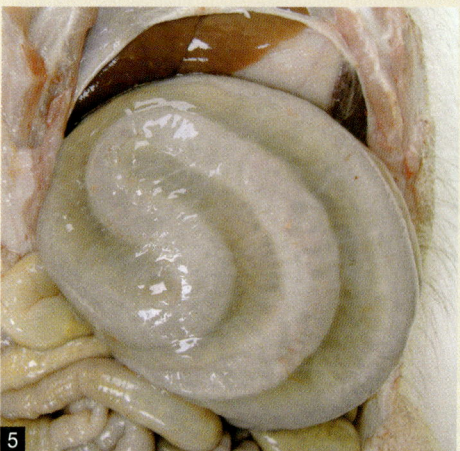

1. 口蹄疫：蹄部溃疡、糜烂

2. 口蹄疫：虎斑心

3. 附红细胞体病：皮肤、黏膜、脂肪黄染

4. 附红细胞体病：皮肤苍白，贫血

5. 水肿病：肠系膜呈透明胶冻样水肿

6. 水肿病：眼睑水肿

猪病
诊治实用技术

ZHUBING ZHENZHI SHIYONG JISHU

周伦江　王隆柏　主编

中国科学技术出版社

·北　京·

图书在版编目（CIP）数据

猪病诊治实用技术 / 周伦江，王隆柏主编 . —北京：
中国科学技术出版社，2018.1

ISBN 978-7-5046-7818-8

I. ①猪… II. ①周… ②王… III. ①猪病—诊疗

IV. ① S858.28

中国版本图书馆 CIP 数据核字（2017）第 278553 号

策划编辑	王绍昱
责任编辑	王绍昱
装帧设计	中文天地
责任校对	焦 宁
责任印制	徐 飞

出　　版	中国科学技术出版社
发　　行	中国科学技术出版社发行部
地　　址	北京市海淀区中关村南大街16号
邮　　编	100081
发行电话	010-62173865
传　　真	010-62173081
网　　址	http://www.cspbooks.com.cn

开　　本	889mm×1194mm　1/32
字　　数	142千字
印　　张	6.25
彩　　页	12
版　　次	2018年1月第1版
印　　次	2018年1月第1次印刷
印　　刷	北京威远印刷有限公司
书　　号	ISBN 978-7-5046-7818-8 / S·693
定　　价	30.00元

本书编委会

主　编

周伦江　王隆柏

编写人员

周伦江　王隆柏

车勇良　　陈如敬

吴学敏　王晨燕　陈秋勇

Preface 前言

　　近年来，随着我国生猪养殖转型和快速发展，猪病的发生和流行也呈现出新态势，给养猪业健康发展提出了新的挑战。为了进一步推广猪病防控知识，提高广大养殖户和基层从业人员的猪病诊断与防控技术，特编写此书。

　　本书共分八章，首先以猪病防治基础知识（包括猪病的现状与趋势、猪病分类、传染病基础知识、疫苗免疫、常用猪病诊断技术和猪病综合防控技术等）为第一章，然后围绕当前影响我国猪群健康的常见疾病，以临床诊断为切入点，重点介绍疫病的临床症状、病理解剖变化及防治措施，按疾病所表现的临床特征分为呼吸系统疾病、消化系统疾病、繁殖系统疾病、寄生虫疾病、中毒性疾病、皮肤性疾病和其他疾病七章，对于一些能引起多种症状的疾病将在相应章节中结合介绍，以利于读者对疾病做出准确、快速诊断和有效防控。

　　本书面向基层，以解决生猪疾病诊断实际问题为导向，系统介绍猪病防控基础知识及每种猪病的流行特点、临床症状、病理变化、诊断技术、防治措施等实用性内容。为了使读者对猪病有更直观的认识，本书配有七十多幅猪病临床症状、病理变化图片。全书力求做到内容实用、深入浅出、操作性强、贴近生产，文字简明扼要、通俗易懂、重点突出、图文并茂，力图让相关从业人员提高猪群疫病防控经验，对养猪生产真正起到科学指导作用。

本书引用了江斌老师的数张图片，在此表示衷心感谢。由于猪病诊断防治技术的发展，加上笔者知识业务水平有限，掌握资料不全，编写时间仓促，书中难免存在错误和不足，恳请各位同人和广大读者给予批评指正。

周 伦 江

*C*ontents 目 录

第一章
猪病诊治基础知识

一、猪病流行现状及趋势

在我国养猪业发展的过程中，猪病一直是影响其发展的重要因素。随着生猪养殖行业的变革和技术革新，猪群的疫病的流行特点也发生了新变化。面对我国养猪业中的疫病情况，分析和预测其现状和流行趋势，对控制好疫病，降低养猪者的经济损失，保证我国养猪业的健康发展具有重要的意义。

第一，传染性疾病居多，且逐年递增。当前，随着我国养殖条件的改善，一些常见的非传染性猪病，已经得到了较好的控制，呈现发病率逐年较少的趋势。但是，一些传染性疾病，比如猪繁殖与呼吸综合征、猪流行性腹泻、猪伪狂犬病、猪圆环病毒病及副猪嗜血杆菌病等病仍然十分严重，给养猪业带来了巨大的损失和危害。

第二，混合感染比较严重，疫病复杂化。在大多情况下，单一的病原体往往不是引起猪群发病死亡的主要原因，猪群发病死亡大多是多重感染引起的。这样造成了猪群发病的临床诊断和防治较困难，发病率和死亡率升高，给养殖者带来很大损失。

第三，病毒性疾病流行，病毒变异多。病毒性疾病在生猪养殖过程中是相对比较难以防控的，而且病毒性疾病种类也比较多。近些年来，加上多种病毒发生了变异，如猪伪狂犬病毒、猪

流行性腹泻病毒及猪繁殖与呼吸综合征病毒等病毒，各种病毒性疾病对猪群的危害性在逐渐增大，成为传染病的主体，造成了大量猪群发病死亡，损失严重。

第四，呼吸性和繁殖性疾病流行，防控难度加大。呼吸性疾病是导致猪群发病的主要疾病，并成为困扰养猪业的难题，在我国每年死于呼吸道疾病的猪都很多，给养猪者带了巨大的损失。呼吸道疾病的病因复杂，在防治中比较棘手。繁殖性疾病也比较常见，导致种猪繁殖性能下降，给养猪业带来很大损失。

第五，非典型病例增多，亚临床疾病流行。因为养殖环境的改善和管理的提高，药物预防是养猪场经常采取的措施，在这种措施下，传染病发生了临床变化，由急性型发展为慢性型或非典型性，表现出亚临床症状。

第六，免疫抑制性疾病不断涌现，猪群抵抗力降低。近年来，陆续出现了猪繁殖与呼吸综合征、猪圆环病毒2型感染和变异伪狂犬病等许多可能导致机体免疫抑制的疾病。这类疾病一方面可削弱或解除机体的防御功能，使各种病原体更易侵入；另一方面可导致机体免疫失败，使机体对相应疾病的抵抗能力下降。事实上，也正是在猪繁殖与呼吸综合征等免疫抑制性疾病出现之后，使猪繁殖障碍性疾病和猪呼吸系统疾病不断涌现，一些前所未有的或以前很少发生的猪病如猪附红细胞体病、链球菌2型感染、猪传染性胸膜肺炎、副猪嗜血杆菌病等出现混合感染。

二、猪病分类

猪的疾病分类方法很多，现将几种常见的分类方法介绍如下：

（一）按发病原因分类

1. 传染病　是指由病原微生物侵入机体，并在体内进行生长繁殖而引起并具有传染性的疾病，如猪伪狂犬病、猪瘟、猪流行性腹泻和圆环病毒病等。

2. 寄生虫病　是指由寄生虫侵袭机体而引起的疾病，如蛔虫病、球虫和囊虫病等。

3. 非传染性病　是指由一般致病因素所引起的内科、外科、产科疾病，如外伤、骨折、胃肠炎、胎衣不下等。

（二）按疾病过程分类

1. 急性病　疾病的进程快速，经过的时间极短，由数小时到2～3周，症状急剧而明显，如猪水肿病、中毒病等。

2. 慢性病　疾病的进程缓慢，经过的时间较长，由1～2个月到数年，症状一般不太明显，体力逐渐消耗，如结核、某些寄生虫病等。

3. 亚急性病　是介于急性、慢性之间的一种类型，如疹块型猪丹毒等。

在临床实践中，急性病、亚急性病与慢性病并没有严格界限，也可以转变为急性发作。

（三）按患病器官系统分类

将疾病分为消化系统疾病、呼吸系统疾病、泌尿生殖系统疾病、营养代谢病和运动器官系统疾病等。

（四）按临床表现分类

根据猪群发病后的临床症状进行分类，可将疾病分为呼吸道疾病、消化道疾病、繁殖障碍性疾病、寄生虫、中毒性疾病、皮肤性疾病及其他疾病等。本书则按临床特征分类。

1. 呼吸系统疾病　呼吸系统疾病即猪呼吸系统综合征，是以猪群发生咳嗽、气喘、呼吸困难等呼吸道症状为临床特征的呼吸道疾病，是猪群常见的系统性疫病，是农村养猪户和规模化猪场十分关注的问题，也是临床兽医普遍所见的症候群，给养猪业

造成了重大的经济损失。猪呼吸系统疾病，以病因多、表现复杂、诊治难度高等原因成为现今养猪业的一大难题，其发病机理是由于多种原因相互作用导致发病。养猪场往往在购入时很容易因检疫不严、隔离措施没做好及生物安全措施不规范而购入隐性感染的猪，再遇到饲养管理不当、气候骤变和营养不良等因素时会诱发疾病。

（1）呼吸系统疾病的致病因素

①传染病　通常可为细菌性和病毒性呼吸疾病。在细菌性呼吸疾病中主要有副猪嗜血杆菌病、支原体肺炎（气喘病）、猪放线杆菌病、胸膜肺炎、猪链球菌病、萎缩性鼻炎、巴氏杆菌病；病毒性呼吸疾病主要有猪繁殖与呼吸综合征、猪伪狂犬病和猪流感等。

②空气　猪的呼吸系统每天都在和空气发生着气体交换，呼吸道疾病可通过空气进行传播。许多致病的病原体往往通过空气传播进入猪的呼吸道而感染发病。

③环境条件及季节变化　生活环境不同，呼吸道疾病的发病概率也不同。因为环境的有害气体如硫化氢、氨气会导致呼吸道黏膜和眼结膜充血引起结膜炎，严重的呼吸道感染还会引起气管炎、肺炎、肺水肿而造成猪的流产、死亡。除了有毒气体对猪呼吸道的感染。在空气干燥、粉尘过大的环境中，猪的呼吸道发病率较高；当气体流通不畅、温度过高或者过低时，都是猪呼吸道疾病的高发期。猪的呼吸道疾病的发病率一般都集中在初春，秋末、冬季时节，因为这阶段天气变化，较为寒冷，猪群容易发生呼吸道疾病。

（2）猪呼吸系统疾病的诊断　根据猪群具有患呼吸道疾病临床症状、病理变化可疑做出初步诊断，确诊需送相关单位或技术部门实验室诊断。

（3）综合防控措施　生产中应尽可能地消除猪群中病原，提高猪群的抵抗力，增强猪群的防御功能。在明确病原，并能有效

地切断传播途径，进行准确诊断的情况下，净化病原是目前控制许多呼吸道疾病最有效的措施。应坚持预防为主的方针，采取综合性防治措施，根据各场实际情况，建立生物安全体系，制定相应的技术和管理规范。

①建立生物安全体系　生物安全体系是指排除疫病威胁、保护动物健康的各种方法的集成，主要内容包括环境控制、卫生防疫、营养、兽医管理及猪群的保健等。

②建立科学的免疫接种制度　根据本地区和周边地区疫情，利用实验室常年定期对猪群进行抗体监测，结合猪群母源抗体水平及抗体的消长规律和病原自身的特点，建立适合本场的科学免疫程序。健全免疫接种制度，注意疫苗的保存条件和使用方法，确保免疫剂量和有效浓度，力争一猪一针，安全接种，避免病原传播。

2. 猪消化系统疾病　消化系统疾病是猪经常发生的疾病，不同年龄和不同品种的猪均可发生，尤其是1～12周龄的幼猪发生最多，严重威胁着养猪业的发展。猪的消化系统由口腔、咽、食道、胃、肠、肝、胰、肠道等组成。消化系统的主要功能是摄取、消化食物，吸收营养物质、水分和电解质，供给机体生长、发育和维持生命的需要，排除废物等。由于消化系统的自身特点，最容易发生功能紊乱，造成严重的经济损失，主要表现在：①增重减少，饲料报酬降低；②母猪发病影响繁殖功能，丧失哺育仔猪的能力；③仔猪群发生某些消化道传染病时，往往会引起大批猪群脱水死亡，甚至导致猪场倒闭；④发病猪的治疗和护理往往要花费很高的费用，而且效果不好。

（1）消化系统疾病的致病因素

①病原感染性因素引起的腹泻　因细菌、病毒及其产生的毒素侵袭胃肠黏膜，使黏膜受损发炎，黏膜下层的神经丛，以及感受器把这种刺激转化成神经脉冲，通过神经束传到大脑，大脑为了保护肠黏膜免受进一步侵害，使副交感神经兴奋、交感神经

抑制，导致胃肠分泌增多，肠蠕动加强，引起腹泻。同时，消化不全的食物，引起肠腔内渗透压增高，使血液中的水分反渗入肠腔，加重稀便的产生。常见的病原菌有猪瘟、猪伪狂犬病、猪传染性胃肠炎、猪流行性腹泻、猪轮状病毒病、仔猪黄痢、仔猪白痢、沙门氏菌病、猪痢疾及猪增生性肠炎等。

②非感染性因素引起的腹泻　因天气、换料、水质、着凉和转栏等应激因素引起的腹泻。这种腹泻都是直接或者间接由于外界因素刺激相关的神经节，传入大脑后，引起副交感神经兴奋，肠蠕动增强，分泌增多，出现腹痛、腹泻等症状，这种原因引起的腹泻，必须排除应激因素才能得以根本改善。

因此，腹泻在大多数情况下是一种机体自身保护性的反应，是一种排毒过程，但是这种反应如果过于强烈，就会引起脱水，电解质流失及失衡，自体中毒，导致死亡。

（2）消化系统疾病的诊断　根据猪群具有患腹泻、脱水等消化道疾病临床症状、病理变化可疑做出初步诊断，确诊需送相关单位或技术部门实验室诊断。

（3）综合防控措施　消化系统疾病病因复杂，而且发病机理与猪体自身状况密切相关，防治时应从多方面考虑。

①科学饲养　科学饲养管理是防治猪消化系统疾病的基础。猪消化系统疾病的发生机理和发病严重程度与饲养管理密切相关。各种因素，如营养不良、冷热、潮湿、断乳、转群等都可引起猪发生应激反应，减弱其免疫力和防御功能，从而诱发疾病。其中有些不良饲料因素如饲料品质不良等可直接导致消化疾病。

②加强管理　控制猪舍温度。温度是养猪生产中最重要的环境因素。温度过高或过低都会对猪的新陈代谢和生长发育产生影响，严重时可引发疾病。仔猪对环境温度变化特别敏感，冷热刺激都会引起仔猪的应激反应，导致不完善的消化功能进一步减弱，诱发消化道疾病。在管理上，应注意搞好冬季的保温防寒和夏季的防暑降温，平时也要随时注意气候的变化。对保育栏、哺

育栏中的仔猪要特别护理。

③严格卫生管理和消毒 做好猪场的卫生管理和消毒工作，切断传播途径，做好生物安全，是防治消化系统疾病的最有效措施之一。

④查明和杜绝疫病来源 猪场最好是施行自繁自养和全进全出。对引进猪群的管理，进行严格隔离管理，在饲养管理的过程中，发现疾病要及时诊断，查明病因，做好本场的疾病监控工作，杜绝外来病原。

⑤做好疫苗免疫 定期进行免疫抗体检测，根据本场的实际情况，选用和制定科学疫苗免疫程序，进一步确保疫苗免疫效果。

3. 繁殖系统疾病 繁殖系统疾病是妊娠母猪发生流产、死胎、木乃伊胎、产出无活力的弱仔、畸形仔、少仔和公、母猪的不育等为特征的繁殖障碍性疾病，是影响猪群健康和猪场健康的系统性疾病之一，并成为影响规模猪场健康发展的一大因素。

（1）繁殖系统疾病的致病因素 繁殖障碍疾病主要由病毒引起，如猪细小病毒、乙型脑炎病毒、猪瘟病毒、蓝耳病病毒、猪伪狂犬病毒等，或某些细菌（如布鲁氏菌）、衣原体、饲料霉菌毒素及有害气体和矿物质元素如钙、磷、铜、碘、锌、锰、硒、铬及维生素 E 的缺乏，另外饲养管理条件差，也是造成猪繁殖障碍的原因之一。

（2）繁殖系统疾病的诊断 根据猪群具有不孕、流畅、产死胎、木乃伊胎等繁殖障碍性疾病临床症状、病理变化可做出初步诊断，确诊需送相关单位或技术部门实验室诊断。

（3）综合防控措施

①加强饲养管理 搞好环境卫生与消毒。加强饲养管理，搞好卫生消毒工作，增强生猪机体的抗病能力。贯彻自繁自养的原则，减少疫病传播。定期杀虫、灭鼠、防鸟，进行粪便无害化处理。加强疫病检测和监测，及时发现并消灭传染源，并防止外来疫病的侵入。注意饲料营养品质和微量元素，预防霉菌等毒素中

毒。关注饲养环境条件的改善，保持适宜温度和湿度，减少各种应激因素刺激。

②加强疫苗免疫及药物保健　做好引起猪繁殖障碍疾病的疫苗免疫，定期免疫抗体监测，根据监测结果，及时调整疫苗免疫程序，确保猪群健康。药物预防是为了控制某些疫病而在猪群的饲料、饮水中加入某种安全的药物进行集体的化学预防，在一定时间内可以使受威胁的易感动物不受疫病的危害。由于猪病种类繁多，很多细菌病尚无疫苗可利用，一些免疫抑制疾病容易引起细菌继发感染。因此，防治这些疫病除了加强饲养管理、搞好检疫淘汰、环境卫生和消毒工作外，应用群体药物预防也是一项重要措施和有效途径。

4. 寄生虫病　寄生虫病是影响猪群健康和经济效应的重要疫病之一。大多数寄生虫病为慢性疾病，既不像传染病那样传染迅速、发病明显，造成的损害也不像传染病那么严重，因此常被人们忽视。寄生虫病会影响猪的健康成长，会给养猪业带来经济损失。

（1）寄生虫病的种类及危害　常见的寄生虫根据寄生部位的不同可以分为体内寄生虫和体外寄生虫。猪体内寄生虫是在猪群体内寄生，对猪危害较大。猪体内寄生虫主要有蛔虫、猪弓形虫、猪球虫和猪毛首线虫等。体内寄生虫的虫体和宿主争夺营养成分，导致猪不能很好地吸收养分，同时幼虫的移行会破坏猪的内脏组织结构及其生理功能，导致猪的采食量减少、体重下降和抗病力减弱。体外寄生虫是相对体内寄生虫而言的。猪体外寄生虫多寄生在猪皮肤层，能引起相应部位的病变，如溃疡、剧痒和脱屑等，主要影响猪的正常生活规律、采食量，从而导致料肉比降低，进而影响猪的生长速度。同时，体外寄生虫还是一些疾病的传播者，给养猪业带来了巨大的经济损失。体外寄生虫病中对养猪业危害最大的是螨虫病，是一种高度接触传染性的体外寄生虫病。

（2）**寄生虫病的诊断**　猪寄生虫病是影响猪身体健康的主要因素，也是影响养猪场经济效益的主要因素之一，因此要加强对猪寄生虫病的检测，以降低经济损失。对于猪体外寄生虫，如疥螨，可以根据上述的症状来判断，体表以及皮肤刮取物质的检测适用于猪体外寄生虫病的检测。若皮屑中寄生虫较多，则可用显微镜观察法直接检测。体内寄生虫可以用新鲜粪便采用漂浮法和沉淀法进行检测。确诊需送相关单位或技术部门实验室诊断。

（3）**综合防控措施**　无论是体外寄生虫，还是体内寄生虫，都会影响宿主的健康状况，给寄主带来不适。猪的体外寄生虫主要寄生在体表，破坏猪的皮肤组织，使皮肤奇痒，引起皮炎，导致皮肤的防御功能减弱，并增强细菌和病毒的易感性。猪的体内寄生虫会损害宿主的消化系统、呼吸系统以及脑，这都会影响猪的正常生活，使猪生长缓慢，饲料转化率下降，严重时还会导致猪的死亡，给养猪业造成严重的经济损失。猪寄生虫病的防治对养猪业非常重要。防治寄生虫要以预防为主，控制传染源，切断传播途径，粪便堆积发酵处理及在饲料中添加防治寄生虫病的药物或体表喷药。

5. 中毒性疾病　中毒性疾病是在猪群的饲养管理过程中摄入某些具有毒性的物质导致猪群中毒的疾病，除常见猪外，各种传染病危害养猪生产，也是不容忽视的影响因素，尤其是在农村，猪群中毒性疾病时有发生。中毒性疾病是某些物质以一定的量经消化道、呼吸道或皮肤等途径侵入动物体内，并在组织器官中发生物理或化学作用，使机体正常生理功能发生严重障碍或病理形态学改变，甚至造成死亡。

（1）**中毒性疾病的种类及危害**　根据来源不同，可以引起猪群中毒的物质大致可以分为以下几类：①剧毒类化学物质，如杀虫剂；②饲料中天然存在的有毒成分，如亚硝酸盐等；③霉菌毒素，如黄曲霉毒素等；④矿物质，如铜、钠、氟等；⑤其他，如动物毒物、药物等。如发生群体性中毒，严重的会出现大量死亡，造成重大经济损失。

（2）**中毒性疾病的诊断**　根据咨询调查、临床症状可疑做出初步诊断，确诊需送相关单位或技术部门实验室诊断。

（3）**中毒性疾病的防治原则**　是以预防为主，治疗为辅。猪群一旦发生中毒现象，应立刻采取有效措施，进行有针对性的治疗，其治疗原则如下：①当猪发生大批可疑中毒疾病时，应采取隔离措施；②立刻停喂可疑饲料和饮水，改用其他优质饲料或禁食；③采用催吐药、泻药及吸附剂，以阻止毒物进一步扩散；④及时采取特效解毒剂，同时进行对症治疗。

6. 皮肤性疾病　猪皮肤病大部分是由于感染体外寄生虫、病原微生物或者过敏而导致，主要特征是皮肤瘙痒、刮擦皮肤、相互撕咬和皮肤变色，该病具有较高的发病率，且病程持续时间较长，很难进行鉴别诊断。在本书中，由寄生虫引起的皮肤性疾病已在寄生虫章节中介绍，分类到书中的皮肤性疾病主要是由细菌或病毒引起的皮肤疾病，如仔猪渗出性皮炎、猪丹毒、猪水疱病、猪痘等。

7. 其他疾病　其他疾病是指出现疾病时，表现出来的临床症状无法单一以呼吸道、消化道、繁殖障碍、寄生虫及中毒性疾病中体现的现象进行分类，所以在本书中将这类疾病统称为其他疾病。目前，其他疾病主要有猪圆环病毒病、猪口蹄疫、猪附红细胞体病、仔猪渗出性皮炎、猪水肿病、猪丹毒、子宫内膜炎、乳房炎、猪应激综合征、猪胃溃疡、破伤风、猪水疱病、猪痘等。

三、传染病基础知识

传染病是导致猪群发病死亡的主要原因，猪场一旦发生传染病，会导致大量猪只发生死亡，造成重大经济损失，甚至给猪场带来毁灭性打击。因此，认识与掌握传染病基础知识，对更有效防控猪传染病，进一步保障猪群健康，具有重大意义。

（一）传染病特点

病原微生物侵入动物机体，并在一定的部位定居、生长繁殖，从而引起机体一系列的病理反应，这个过程称为传染或感染。凡是由病原微生物引起，具有一定的潜伏期和临床表现，并具有传染性的疾病称传染病。猪传染病的表现虽然是多种多样的，但也有一些共有特性，可与其他非传染病相区别。其共同的特性是以下几点。

第一，由相应的病原微生物所引起。每一种传染病都由其特异的病原微生物所引起，如猪丹毒由猪丹毒杆菌侵入猪体所致，猪瘟由猪瘟病毒引起。

第二，具有传染性和流行性。从患传染病猪体内排出的病原微生物，侵入另一有易感性的健康猪体内，能引起同样症状的疾病，称传染病的传染性。当条件适宜时，在一定时间内，某一地区易感猪中可以有许多猪被感染，致使传染病蔓延散播，形成流行，称传染病的流行性。

第三，被感染猪可发生特异性反应。在感染的发展过程中由于受到病原微生物的抗原刺激，机体发生免疫生物学的改变，多数被感染猪可产生特异性免疫应答，这种改变可以用血清学等特异性反应检查出来。

第四，患病耐过猪能获得特异性免疫。猪耐过传染后，在大多数情况下，均能产生特异性免疫，使机体在一定时间内或终生（如猪瘟）不再感染该种传染病。

第五，具有特征性临床表现。大多数传染病都具有该种传染病特征性的（典型的）综合症状以及一定的潜伏期和病程。

病原微生物侵入猪体后，能否引起感染、能否发生传染病，不仅与病原微生物的毒力、数量和侵入途径有关，更重要的是要看猪体对该病原微生物的抵抗力如何。在多数情况下，猪体的身体条件不适合侵入的病原微生物生长繁殖，或猪体能迅速动员防御力量将该侵入者消灭，从而不表现出可见的病理变化和临床症状，这种状态称为抗感染免疫。也可以说，抗感染免疫就是机体对病原微生物的不同程度的抵抗力（即不感受性）。猪对某一病原微生物没有免疫力（即没有抵抗力）就称对该病原微生物有易感性。病原微生物只有侵入对其有易感性的动物机体才能引起感染过程。如果侵入猪体的病原微生物虽能在其一定部位定居和生长繁殖，但被感染猪不表现出任何症状，猪体与病原微生物之间的斗争处于暂时的相对平衡状态，这种状态称为隐性感染。当猪体感染后，在临床上又表现出一定的症状时，即发生了传染病。

由此可见，传染、传染病、隐性感染和抗感染免疫虽然彼此有区分，但又互相联系，并能在一定的条件下相互转化。

（二）病原微生物的侵入和定位

病原微生物必须经某特定部位侵入体内才能引起感染，这种侵入途径一般是较严格固定的。如破伤风梭菌只能经带有杂质的深部创伤感染，而且感染局部必须厌氧（有坏死或化脓等炎性变化），如果经其他途径进入机体则不引起感染；猪气喘病必须经过呼吸道侵入、猪传染性胃肠炎经消化道侵入才能致病。有的病原微生物可以经过几个途径进入机体引起感染，如结核杆菌可以经消化道和呼吸道引起感染；猪瘟和口蹄疫病毒可以经呼吸道、消化道、皮肤或黏膜感染。一般来说，病原微生物进入机体的途径主要有呼吸道、消化道、泌尿生殖道、皮肤和结膜等。

病原微生物进入机体后，首先要牢固地吸附于局部体表组织，否则会被体液的机械冲洗、正常微生物群系的干扰以及局部分泌物的抵抗作用清除而无法引起感染。它们往往是通过某些表面的特殊结构成分或所合成的某些物质附着于体表组织上。例如，大肠杆菌是借助于表面抗原 K_{88} 吸附于上皮上；流感病毒利用表面的神经氨酸酶分解呼吸道黏液中阻止其吸附的糖蛋白抑制素，从而吸附于呼吸道上皮细胞受体上。有的病原微生物在吸附部位生长繁殖而致病，也有的需要通过上皮细胞或细胞间质而进入表层下组织继续扩散。病毒则需要经过吞饮或者囊膜与细胞膜融合或直接穿入的方式进入细胞才能进行增殖致病。

定位是指病原微生物进入机体后所寄居、生存繁殖的组织器官。许多病原微生物经侵入途径直接到达定位的组织器官引起致病，如气喘病支原体定位于呼吸系统，传染性胃肠炎病毒定位于胃肠道的上皮组织。也有很多病原微生物经侵入途径进入机体后，由短暂的菌血症和病毒血症散播到全身，但在具有生长繁殖良好条件的组织器官定位。例如，布鲁氏菌引起菌血症时，可到达全身各个组织器官，但最终在胎盘定位。病原微生物的定位不同，决定了其不同排出途径和停留在不同的外界环境，进而影响再感染其他猪的侵入途径和定位。

侵入途径和定位是病原微生物在长期进化过程中，由于适应而形成的致病能力的一个部分。

（三）病原微生物对机体的损伤

1. 细菌对机体的损伤　病原细菌侵入机体增殖后，造成机体损伤。引起机体损伤的形式主要有以下两种：一是毒素或有毒性产物的直接作用；二是细菌及其产物引起的免疫病理反应。

细菌的毒素分为外毒素和内毒素。外毒素是由许多革兰氏阳性菌和部分革兰氏阴性菌产生的，成分为蛋白质，毒性很强，具有高度的特异性，如破伤风毒素在局部产生，但可作用于全身的运动神经，引起肌肉痉挛；炭疽杆菌产生的外毒素，可引起局部水肿和出血性病灶，若进入血流可引起广泛的水肿、中毒和死亡；引起红痢的 C 型魏氏梭菌产生的 α、β 毒素，可引起仔猪肠毒血症、坏死性肠炎；大肠杆菌产生的不耐热肠毒素能作用于小肠上皮细胞，引起腹泻和脱水等。内毒素是指与革兰氏阴性菌细胞壁相关的磷脂 – 多糖 – 蛋白质复合物而言。内毒素可引起全身反应，如发热、白细胞增多、血管弛缩、血管内凝血，甚至休克

等，内毒素有一定的抗原性，但产生的抗体不能中和内毒素的毒性作用。

细菌及其代谢产物还可以引起机体发生免疫病理反应，引起机体损伤。一般来说，免疫反应对机体起保护作用，但有时可对机体造成危害，甚至引起死亡。

2. 病毒对机体的损伤 病毒对机体的损伤，一方面是引起细胞破坏、死亡及转化等；另一方面是引起免疫病理反应。

病毒感染细胞以后，引起细胞蛋白质和核酸代谢障碍，而且细胞内可出现大量堆积的病毒粒子，从而对细胞正常生命活动造成危害。有的释放病毒以致引起死亡；也有的病毒感染后在细胞内产生包涵体或引起细胞融合，或引起细胞恶性病变而造成组织细胞的损伤，进而引起炎症等一系列病理过程。

病毒感染也可引起机体发生多种免疫病理反应，如病毒抗原－抗体复合物沉积在组织（如基底膜）中引起免疫病理损伤，或者抗体与带有病毒抗原的细胞作用，并在补体的参与下引起炎性介质的释放造成组织损伤等。这种免疫病理反应可给机体带来极大的危害。

以上是细菌和病毒的致病作用，其他病原微生物的致病作用是通过在感染局部增殖引起炎症反应（如猪肺炎支原体），或者是通过毒素而致病（如钩端螺旋体的糖－脂－多肽菌体复合物）等。病原微生物的致病作用实质上是病原微生物对机体体表的吸附、侵入组织，在体内或细胞内增殖、扩散蔓延，抗拒机体的防御功能以及产生毒性产物或引起免疫病理反应而造成机体损伤的总和。但由于各种病原微生物的结构、代谢能力和代谢产物、增殖所需条件等不同而侵害不同的部位，产生不同的致病物质，所致各组织器官的病理变化也不同，进而在临床上就有不同的表现。

（四）感染的类型

由于病原微生物的侵入与猪机体抵抗侵入之间的关系是错综复杂的，受多方因素的影响，所以感染过程常常表现出多种形式或类型。一般可分以下几种：

1. 根据病程的长短分类 从疾病的最初症状出现到患病猪死亡或者痊愈这段时间称病程。

（1）最急性感染 病程短促，仅数小时，这种感染往往看不见明显的症状就突然死亡。常见于某些传染病流行初期，如最急性猪丹毒等。

（2）急性感染 病程较短，一般为几天至两三周。往往有典型的症状，如急性猪瘟等。

（3）亚急性感染 病程比急性稍长，其症状不如急性明显，和急性相比是一种比较缓和的类型，如疹块型猪丹毒等。

（4）慢性感染 病程发展缓慢，常在 1 个月以上，临床症状不明显甚至不表现出来，如慢性猪气喘病等。

2. 根据感染的发生分类

（1）外源性感染 病原微生物从猪体外侵入机体引起的感染称外源性感染。大多数猪传染病属于此类。

（2）内源性感染 当动物受到不良因素影响，机体抵抗力减弱时，可引起寄生在健康猪体内的条件性病原微生物活化，毒力增强，大量繁殖，最后引起机体发病，这种感染称内源性感染，如猪肺疫等的发生属于此类情况。

3. 根据病原种类分类

（1）单纯感染 又称单一感染，由一种病原微生物引起的感染。大多数猪传染病属于这一类，如破伤风、炭疽等。

（2）混合感染 由两种或两种以上病原微生物同时参与的感染称混合感染。

（3）继发感染 猪感染了一种病原微生物之后，在机体抵抗

力减弱的情况下，由新侵入或原来已存在于体内的另一种病原微生物引起的感染称继发性感染。如猪在感染猪瘟病毒发病后，尤其是慢性猪瘟，常因机体抵抗力减弱而继发猪肺疫或猪副伤寒等。在生产中发生混合感染或继发感染的情况并不少见，这就使疾病复杂而严重，给诊断和防治增加了一定的困难。

4. 根据临床表现分类

（1）**显性感染**　要表现出该种传染病特有的、明显的临床症状的感染过程称显性感染。

（2）**隐性感染**　在感染后不表现任何临床症状而呈隐蔽经过的感染称隐性感染。在机体抵抗力降低时，隐性感染亦可转化为显性感染。

（3）**一过型感染**　也称消散型感染，指开始症状较轻，其特征性症状尚未出现即行恢复的感染。

（4）**顿挫型感染**　指开始症状较重，与急性病例相似，但特征性症状尚未出现即迅速消退恢复健康的感染。这是一类病程缩短而没有表现该病主要症状的轻病例，常见于流行后期。

（5）**温和型感染**　指临床表现比较轻缓的感染。

5. 根据感染的部位分类

（1）**局部感染**　由于猪机体抵抗力较强，侵入的病原微生物毒力较弱或数量较少，病原微生物被局限在一定部位生长繁殖，并引起一定病变的感染称局部感染。例如，化脓性葡萄球菌、链球菌所引起的各种化脓创伤就是局部感染。即使在局部感染中，机体仍作为一个整体，其全部防御功能都参与了对病原体的斗争。

（2）**全身感染**　由于机体抵抗力较弱，侵入的病原微生物冲破机体的各种防御屏障侵入血液向全身扩散的严重传染称全身感染。其主要表现形式有败血症、菌血症、病毒血症、脓毒血症、脓毒败血症等。

6. 根据症状是否典型分类

（1）**典型感染**　在感染过程中表现出该病特征性（即有代表性）临床症状的感染称典型感染。典型感染一般伴随有该种传染病的特征性（亦称典型的）病理变化发生。

（2）**非典型感染**　在感染过程中表现出的症状或轻或重，但不表现出该病的特征性症状，这样的感染称非典型感染。非典型感染一般缺乏该种传染病的特征性病变。

7. 根据传染病的严重程度分类

（1）**良性感染**　不引起病猪大批死亡的感染称良性感染。

（2）**恶性感染**　能引起猪大批死亡的感染称恶性感染。

（五）传染病的发展阶段

猪传染病的发展过程，一般可分为以下4个阶段。

1. 潜伏期　从病原微生物侵入猪机体并进行繁殖时开始，到疾病的临床症状开始出现为止，这段时间称潜伏期。在此阶段，猪不表现任何临床症状。一般来说，急性传染病的潜伏期较短，变动范围较小；慢性传染病潜伏期则较长，变动范围较大。同一种传染病潜伏期短促时，病情、后果常较严重；相反，潜伏期较长时，则病情、后果较轻缓。总之，潜伏期的长短与病原微生物的数量和毒力、侵入途径和部位以及猪体本身易感染性等因素有关。但某一种传染病的潜伏期还是有一定规律的，如猪瘟的潜伏期为2～21天，多数为1周左右。

2. 前驱期　从某种传染病的临床症状开始表现出来，到该种传染病特征性症状出现之前的这一阶段称前驱期。在此期间，患病猪仅表现一般性症状，如食欲减少、体温升高、精神异常等，但该种传染病有代表性的、特征性症状尚未出现。不同的传染病或同一传染病的不同个体，其前驱期长短不一，通常仅数小时至一两天。

3. 明显（发病）期　指前驱期之后，传染病有代表性的、

特征性症状相继明显地表现出来，是疾病发展到高峰的阶段。兽医工作者应尽早识别其特征性症状，为及时而正确的诊断提供重要依据。

4. 转归（恢复）期　疾病进一步发展即为转归期，也是传染病发展的最后一个阶段。患病猪机体的抵抗力进一步减弱或病原微生物的致病力增强，则猪转归死亡。如果猪机体的抵抗力得到改进和增强，由病情逐渐好转，症状逐渐消失，生理功能逐渐正常，患病猪逐渐恢复健康。但患传染病的猪在病后一定时间内还可以带菌（毒）排菌（毒），不可忽视。

（六）传染病流行过程的基本环节

传染病流行过程包括三个基本环节，即传染源、传播途径、易感猪群。

1. 传染源　也称传染来源，指体内有某种传染病的病原体在其中寄居、生长、繁殖，并能排出体外的动物机体。具体说，传染源就是受感染的猪，包括患传染病的猪、带菌（毒）猪、人兽共患病的病畜和病人。

（1）患传染病猪　是重要的传染源，包括有明显症状，尤其是有典型症状出现的患病猪和症状不明显、不典型的患病猪两类。前者因排出的病原微生物数量大、毒力强，而危害更大；后者则因不易被人们发现和重视而更加危险。

（2）病原携带者　指体内有病原微生物寄居、生长、繁殖并能向体外排出，但无任何临床症状表现的猪。

（3）潜伏期病原携带者　指在潜伏期即能排出病原体的猪。只有少数传染病如口蹄疫、猪瘟等有此种情况。

（4）恢复期病原携带者　指在症状消失后仍能排出该种传染病病原体的猪。一般来说，临床症状消失后的动物，其传染性已逐步减少或已无传染性了，但仍有不少传染病如猪气喘病、布鲁氏菌病等在疾病恢复期动物体内还残留有病原体，并能排出和传染其他动物。恢复期时间各病长短不一，一般急性传染病的带菌

（毒）时间在 3 个月以内，慢性传染病的带菌（毒）时间则可达数月数年之久。

（5）**健康病原携带者**　指过去没有患过某种传染病但却能排出该种传染病病原体的动物。一般认为，这是隐性感染的结果，通常只能靠实验方法检出。这种病原携带状态一般是短暂的。但巴氏杆菌病、沙门氏杆菌病、猪丹毒、大肠杆菌病等的健康病原携带者为数众多。当机体在不良条件影响下抵抗力降低时，可导致病原体大量繁殖和毒力增强而引起猪发病，此时猪体向体外排出大量病原微生物，感染其他猪成为传染源。

（6）**人兽共患病病人**　人兽共患传染病的病人，可通过不同方式排出病原体感染猪。

传染源排出病原体的途径：病原体可以通过患病猪的粪便、尿液、鼻液、唾液、眼结膜分泌物、阴道分泌物、精液、乳汁、皮肤溃疡分泌物、脓汁分泌物、排泄物等排出体外，其具体排出途径与传染病的性质及病原体存在部位有关。一般败血性传染病（如急性败血型的猪瘟、猪丹毒、猪肺疫、猪链球菌病等）病原体广泛分布于患病猪体内各组织器官，可随所有分泌物、排泄物排出；当病原体局限于一定的组织器官，则病原体的排出途径比较简单，如狂犬病患畜经唾液排出病原体。

传染源向体外排出病原体的整个时期称传染期。传染期的长短，各病不一，是猪防疫工作中决定传染源隔离期限的重要依据。

2. 传播途径　病原体从传染源排出后，再侵入其他易感猪所经过的途径称传播途径。在猪传染病的流行过程中，若能切断其传播途径，即可终止流行。传播途径可分为水平传播和垂直传播两类。传染病在猪个体或群体之间以水平方式蔓延扩散的传播称水平传播。传染病从母体传播给下一代的传播称垂直传播。

（1）**水平传播**　水平传播在传播方式上可分为直接接触传播和间接接触传播。

①直接接触传播 在没有任何外界因素的参与下，病原体通过被感染猪与易感猪直接接触（如舐咬、交配等）而引起的传播方式称直接接触传播。以直接接触传播为主要传播途径的传染病为数不多，以直接接触传播为唯一途径的传染病更少。由于这种方式使疾病的传播受到限制，故一般不易造成大规模流行。

②间接接触传播 在外界因素参与下，病原体通过传播媒介使易感猪发生传染的传播方式称间接接触传播。将传染源排出的病原体传播给易感猪的各种外界环境因素称为传播媒介。

大多数猪的传染病如口蹄疫、猪瘟均以间接接触传播为主要传播方式，同时也可以通过直接接触传播。同时具有直接接触传播和间接接触传播两种传播方式的传染病称接触性传染病，如猪瘟。

间接接触传播的途径，一般有以下几种：

Ⅰ.经污染的饲料、饮水传播：以消化道为主要侵入门户的传染病传播媒介主要是饲料、饮水。易感猪因采食被病原体污染的饲料、饮水而感染，如猪瘟、猪流行性腹泻等。

Ⅱ.经空气传播：有飞沫传染和尘埃传染两种途径。以呼吸道为主要侵入门户的传染病主要以空气为传播媒介。当病猪咳嗽、喷嚏或鸣叫时，喷出带有病原体的飞沫微粒悬浮在空气中，被易感猪吸入而引起的传染称飞沫传染，如猪气喘病等。病原体随病猪的分泌物、排泄物或尸体在外界环境中干燥后，再随尘土飞扬被易感猪吸入而引起的传染称尘埃传染，如结核病、炭疽等。

Ⅲ.经污染的土壤传播：随病猪排出的病原微生物，有的对外界环境因素的抵抗力较强，能在土壤中存活较长时期；有的还能在外界环境中形成芽孢而长期存在于土壤中并保持活力。当易感猪在这样的土壤环境中生活时就可能引起感染发病，如猪丹毒、破伤风、炭疽等常可经土壤而传播。

Ⅳ.经污染的用具等传播：有的传染病可经病原体污染的刷

扰用具、圈舍、诊疗器械等传播。

Ⅴ.经活的媒介传播：这类传播媒介包括节肢动物、野生动物、非易感动物和人类。

节肢动物主要是指螫蝇、蚊、蠓和蝉等。它们主要通过在患病猪与健康猪之间吸血而机械性传播病原体，家蝇可机械携带病原而传播疾病。那些定位于血液和淋巴系统中的病原体，如乙型脑炎病毒、猪瘟病毒、非洲猪瘟病毒、猪丹毒杆菌、炭疽杆菌等，都可以通过节肢动物传播。

节肢动物传播病原体有两种情况：一种是机械性传播，即节肢动物吸血后，病原体在节肢动物体内不发育繁殖，再叮咬其他易感猪时引起感染，如虻对炭疽杆菌的传播；另一种是生物学传播，即病原体进入节肢动物体内经繁殖后才感染其他易感猪，如蚊传播乙型脑炎。

野生动物可分为两种情况：一种是本身对病原体有易感性，它们先被感染，然后再传染猪，如鼠类能传播钩端螺旋体病、布鲁氏菌病、沙门氏杆菌病等，此种情况的野生动物是传染源；另一种为本身对病原体无易感性，但可以机械地传播疾病，如鼠类可传播口蹄疫、猪瘟等疾病，野生动物为传播媒介。

人类主要是饲养人员、畜牧兽医工作人员和与猪接触的其他有关人员，甚至是畜牧场、猪舍的参观者或购买者。他们既可以是传染源，又可以机械携带病原体而传播疾病。

（2）垂直传播　主要有以下两种方式：

①经胎盘传播　主要见于家畜。妊娠母畜经胎盘血流将病原体传播给胎儿使其受感染。可经此种方式传播的有猪瘟、猪细小病毒感染、牛黏膜病、蓝舌病、伪狂犬病、布鲁氏菌病、钩端螺旋体病等。

②经蛋传播　主要见于禽类。

3. 易感猪群　即对某种传染病病原体缺乏抵抗力（免疫力）而容易感染发病的猪群。

易感性即猪对某种传染病病原体的感受性，与抵抗力的含义恰好相反。猪对某种传染病病原体易感性越高，表示对某种传染病越容易感染发病；相反，猪对某种传染病病原体易感性越低，则表示对该种传染病越不容易感染发病。对某种传染病病原体缺乏抵抗力的猪群就是该病原体的易感猪群。猪群中易感个体所占百分率和易感性的高低，直接影响到传染病能否在该猪群中流行和危害程度如何。猪对某种传染病病原体易感性的高低虽与这种病原体的种类、毒力有关，但主要还是由猪的遗传特性、特异性免疫状态等因素决定的。外界环境、饲养条件等都可能直接影响猪群的易感性。

影响猪群易感性的因素：

（1）**内在因素** 不同种类的动物对同一病原体的易感性不同。这是由其遗传性决定的。例如，马属动物就不感染牛瘟和口蹄疫；牛、羊对炭疽杆菌易感性较高，常发生败血型迅速死亡；而猪对炭疽杆菌易感性较低，发病者极少且多属局部感染。不同年龄的猪对同一种病原体的易感性也不一致，一般是幼龄猪对传染病的易感性比老龄猪高。如仔猪阶段对大肠杆菌和沙门氏菌的易感性就比育肥阶段或成年猪明显高。

（2）**外界因素** 多种外界因素如季节、气候、饲养管理情况、卫生防疫措施等都直接影响着猪群的易感性，与传染病的发生有很大关系，如气候骤变、酷暑闷热、严寒袭击容易引起猪气喘病。饲料低劣、饲养密度过大、饥饿、粪便处理不当、空气污浊，以及环境、饮水污染等都可促进传染病的发生和流行。

（3）**特异性免疫状态** 与猪群对某种传染病的特异性免疫力强弱直接相关，是影响猪群易感性的重要因素。病愈或隐性感染猪因获得了特异性免疫力而使易感性降低，其后代在幼龄阶段因有母源抗体而在一定时期内有一定免疫力。此外，在某些疾病常发地区，当地猪群的易感性较低，但从无此病地区引进的新猪群却易感性高，往往引起急性暴发，如猪气喘病等。

在一个猪群中，如果有70%～80%的个体对某种传染病有特异性免疫力，则不会发生该种传染病的大规模暴发流行。因此，通过预防接种提高猪群抵抗力，降低其对病原体的易感性，是平时预防猪传染病的重要措施之一。

（七）传染病流行过程的特征

1. 流行形式 在猪传染病的流行过程中，根据在一定时间内发病率的高低和传播范围大小，可分为以下4种表现形式：

（1）**散发性** 指发病数目不多，在一个较长时间内，病例是零星散在发生的流行形式。常见于传播需要一定条件的某些传染病（如破伤风、狂犬病等）。猪群经定期预防接种后，从整体来说对某病的免疫水平较高，但因预防接种密度不够高，也可能出现散发病例。此外，有的传染病隐性感染率比例较大，仅一部分猪有症状表现，其表现形式也为散发。

（2）**地方流行性** 指发病数目较多、传播范围不广，常局限于一定地区（如一个村、乡、镇、县）内的流行形式。例如，猪丹毒、猪气喘病等常可呈地方性流行，通常是由于该地区存在某些有利于疫病发生的条件，如饲养管理的缺点、病畜尸体处理不当、土壤和水源有病原体污染以及有带菌（毒）动物和活的传播媒介存在等。此外，某些散发性传染病在猪群易感性增高或传播条件有利时也可发展为地方流行性，如巴氏杆菌病、沙门氏菌病等。

（3）**流行性** 指发病数目多，在较短的时间内传播到较广的范围（数个乡、镇、县、市甚至省份）的流行形式。如口蹄疫、猪瘟等常以该种形式流行。该类猪传染病往往病原体毒力较强，能以多种方式传播，且猪易感性较高。

（4）**大流行** 指发病数目很多，传播很快，传播范围很广（全国、数个国家甚至整个大洲）的流行形式。例如，口蹄疫在历史上就曾出现过几次大流行。

2. 流行过程的季节性和周期性

（1）**流行过程的季节性**　某些传染病经常在一定的季节发生或在一定的季节出现发病率显著上升的现象，称为流行过程的季节性。其原因有以下 3 点。

①季节对病原微生物在外界环境中存在和散播的影响　夏季日照时间长，气温高，对某些病原体存活不利。如在气候炎热和强烈日光暴晒下，可使散播在外界环境的口蹄疫病毒很快失去活力，故口蹄疫的流行一般在夏季减缓或平息；严寒的冬季可使某些病原体在外界环境中存在较长时间，而使猪流行性腹泻、传染性胃肠炎等在冬季发病率显著升高。

②季节对传播媒介的影响　夏秋季节，蚊、蝇、蜱、虻等节肢动物大量滋生、活动频繁，凡由它们传播的疫病都较易发生，如猪丹毒、炭疽等。

③季节对猪只的影响　冬季猪舍，湿度过大、通风不良等，常导致经空气传播的呼吸道传染病的流行，如气喘病。

（2）**流行过程的周期性**　某些猪传染病如口蹄疫等，经过一定间隔时期（常以年或数年计）还可能表现再度流行，这种现象称流行过程的周期性。在传染病流行期间，易感猪除发病死亡或淘汰外，其余因病愈康复或隐性感染而获得免疫力，使流行逐渐停息。但经过一定时间后，由于免疫力逐渐消失或新一代的出生，或从外引入易感猪使猪群易感性再次升高，结果可能重新发生流行。

四、疫苗免疫

（一）免疫学基础知识

1. 抗原　是指能够刺激动物机体免疫细胞，使动物机体产生特异性免疫应答，并能与免疫应答产物抗体和致敏淋巴细胞结合的某些物质，发生免疫效应的物质。抗原可以是活着的生物，包括细菌、病毒，也可以是异物。例如，死亡的细胞也可以叫作抗原。

2. 抗体　指动物机体的免疫系统在抗原刺激下，由 B 淋巴细胞或记忆细胞增殖分化成的浆细胞所产生的、可与相应抗原发生特异性结合的免疫球蛋白。

3. 免疫系统　应具有免疫监视、防御、调控的作用。系统由免疫器官、免疫细胞，以及免疫活性物质组成。免疫系统分为固有免疫（又称非特异性免疫）和适应免疫（又称特异性免疫）。

4. 免疫应答

（1）免疫应答基本原理　免疫应答是指机体免疫系统对抗原刺激所产生的以排除抗原为目的的生理过程。这个过程是免疫系统各部分生理功能的综合体现，包括抗原递呈、淋巴细胞活化、免疫分子形成及免疫效应发生等一系列的生理反应。通过有效的免疫应答，机体得以维护内环境的稳定。免疫活性细胞（T 淋巴细胞，B 淋巴细胞）识别抗原，产生应答（活化、增殖、分化等），并将抗原破坏和（或）清除的全过程称为免疫应答。

免疫应答是动物体对抗原刺激的特异应答，每一个动物个体含有无数个淋巴细胞克隆，当有异物抗原出现，选择性刺激事先存在的特定克隆，使之激活，导致该克隆的增殖并分化为效应细胞（抗体）和记忆细胞，再次免疫应答比初次更快更强，是因为初次免疫产生的抗原特异记忆细胞在二次接触该抗原时迅速克隆性扩增，动物体通过特异的免疫应答和非特异的防卫功能的协同作用，动物体最终将异物抗原清除。

（2）适应性免疫应答阶段划分　可分为 3 个阶段，分别为识别阶段、活化增殖阶段、效应阶段。

通过将疫苗（抗原）注入动物体内，可使动物产生主动免疫。但是对动物人工免疫会受到很多因素制约，除外部的各种因素影响外，动物体自身也有很多生理活动抑制动物产生免疫应答。例如，动物体自限作用，在动物免疫应答的效应阶段抗原被消除；免疫耐受作用，在特定条件下，动物对异物抗原产生耐受性，不产生免疫应答；抗体反馈作用，在对某抗原免疫应答中所产生的抗体能抑制对该抗原的进一步应答等。在特定条件下，动物免疫应答受到制约，导致免疫失败。

（二）疫苗种类

1. 弱毒活疫苗　是指通过人工致弱或筛选的自然弱毒株，但仍保持良好的抗原性和遗传特性，用以制备的疫苗，如猪瘟兔化弱毒疫苗及猪蓝耳病弱毒疫苗。弱毒活疫苗的特点是疫苗能在动物体内繁殖，接种少量的免疫剂量即可使机体产生坚强的免疫力，接种次数少，不需要使用佐剂，免疫产生快，免疫期长。其缺点是稳定性较差，有的毒力可能发生突变、返祖，储存与运输不方便。

2. 灭活疫苗　是将病原微生物经理化方法灭活后，仍然保持免疫原性，用以制备的疫苗，接种动物后能使其产生自动免疫。如 O 型猪口蹄疫灭活疫苗和猪气喘病灭活疫苗等。本疫苗的特点是疫苗性质稳定，使用安全，易于保存与运输，便于制备多价苗或多联苗。其缺点是疫苗接种后不能在动物体内繁殖，因此使用时接种剂量较大，接种次数较多，免疫期较短，不产生局部免疫力，并需要加入适当的佐剂以增强免疫效果。本疫苗包括组织灭活疫苗和培养物灭活疫苗，加入佐剂后又称氢氧化铝胶灭活疫苗和油佐剂灭活疫苗等。

3. 基因缺失疫苗　是采用基因工程技术将强毒株毒力相关基因切除后构建的活疫苗，如伪狂犬病毒 TK-、gE-、gG- 缺失疫苗。本疫苗的特点是安全性好，不易返祖；免疫原性好，产生免疫力坚实；免疫期长，尤其是适于局部接种，诱导产生黏膜免疫力。

（1）多价疫苗　是指将同一种细菌或病毒的不同血清型混合

而制成的疫苗，如猪链球菌病多价血清灭活疫苗和猪传染性胸膜肺炎多价血清灭活疫苗等。其特点是使多血清型微生物所致疫病的动物获得完全的保护力，而且适于不同地区使用。

（2）**联合疫苗**　是指由两种以上的细菌或病毒联合制成的疫苗，如猪丹毒、猪巴氏杆菌病二联灭活疫苗和猪瘟、猪丹毒、猪巴氏杆菌病三联活疫苗。其特点是接种后动物能产生相应疾病的免疫保护，减少接种次数，使用方便，打一针防多病。但当前在猪病的免疫预防上还是使用单苗免疫效果好，多联苗免疫效果不确切，尽可能少用。

除此之外，还有类毒素疫苗、亚单位疫苗、基因工程重组活载体疫苗、核酸疫苗、合成肽疫苗、抗独特型疫苗及转基因植物疫苗等，部分有待于进一步开发，才能用于猪病的防治实践中。

（三）疫苗免疫

1. 疫苗的保存和运输

（1）**疫苗的保存**　不同类型的疫苗需要不同的保存条件，必须按照说明书规定进行保存。一般来说，油佐剂灭活疫苗的保存温度为2℃～8℃；活疫苗要求－15℃～－20℃保存。因为反复冰冻与融化对任何微生物都具有很大的破坏力，因此活疫苗和诊断液要尽量避免反复冻融。

（2）**疫苗的运输**　疫苗运输时，要包装完善，尽快运送，运送途中，避免日光直射和高温。运输时间越长，疫苗中的病毒（或细菌）死亡越多，如果中途转运多次，影响就更大。因此，小批量运输疫（菌）苗应使用加冰块的保温箱，应尽量缩短运输时间，并尽快将疫苗放入冰柜（冰箱）中，以免影响疫苗质量。

2. 免疫接种的准备

（1）**器械、防护物品和药品准备**

①免疫接种器械　镊子、注射器、剪毛器、针头、煮沸消毒器、体温计、搪瓷盘、疫苗冷藏箱、耳标钳、保定用具等。

②防护物品 毛巾、防护服、胶靴、工作帽、护目镜、口罩等。

③药品 疫苗、稀释液、75%酒精、2%～5%碘酊及0.1%盐酸肾上腺素等急救药品。

④其他物品 在免疫接种前，还需准备冰块、纱布、脱脂棉、免疫耳标、免疫接种登记表、免疫证等物品。

（2）**器械消毒** 免疫接种所用器械需经严格消毒。首先应将注射器、点眼滴管、刺种针等接种用具用清水洗净。将玻璃注射器的针管、针芯分开，用纱布包好；拧松金属注射器的活塞调节螺丝，抽出活塞并取出玻璃管，用纱布包好；针头用清水冲洗干净后，成排插在多层纱布的夹层中；镊子、剪刀洗净后，用纱布包好。然后将上述洗净、包装好的器械高压灭菌15分钟，或放入煮沸消毒器内，加水淹没器械2厘米以上，煮沸30分钟。灭菌结束后，将器械放入带盖的灭菌搪瓷盘中备用。接种器械禁止使用任何化学药品消毒，灭菌后的器械如果1周内不用，下次使用前，应当按照上述方法重新进行消毒、灭菌。

（3）**个人消毒和防护** 接种前，接种人员将手指甲剪短，用肥皂、消毒液洗手，再用75%酒精消毒手指。穿工作服、胶靴，戴橡胶手套、口罩、工作帽。在个人消毒和防护方面应注意，不可使用易对皮肤造成损害的消毒液洗手；在进行气雾免疫时，应当戴护目镜。

（4）**待接种动物健康状况检查** 为了保证免疫接种动物的安全及接种效果，接种前，应认真检查待接种动物的健康状况。检查内容包括动物的精神、食欲、行为、体温；动物是否发病，是否瘦弱；是否存在幼小、年老或妊娠后期的动物。凡是精神、食欲、体温异常，发病、瘦弱、幼小、年老及妊娠后期的动物，均不予接种或暂缓接种，对这些动物要注意做好登记，以便后期补种。

（5）**疫苗的检查与预温** 接种前，应仔细检查疫苗的外观质量。一旦发现疫苗瓶破损、瓶盖或瓶塞密封不严、无标签或标签不完整、超过有效期、色泽发生改变、产生沉淀、破乳或超过规定量的分层、有异物、有霉变、有摇不散的凝块、有异味、无真空、疫苗质量与说明书不符等现象，一律禁用。疫苗使用前，应从冰箱等贮藏容器中取出，放在 15～25℃的室温下 2 小时左右回温，平衡疫苗温度。

（6）**疫苗的稀释**　应按照疫苗使用说明书规定的稀释方法、稀释倍数和稀释剂进行稀释，如果无特殊规定，可以用蒸馏水、无离子水或生理盐水稀释疫苗，有特殊规定的，则用规定的专用稀释液进行稀释。稀释时，先除去稀释液和疫苗瓶封口处的火漆或石蜡，然后用酒精棉球对瓶塞进行消毒；用注射器抽取稀释液，注入疫苗瓶中，振荡、摇匀，使疫苗完全溶解；最后，用稀释液补充到规定的体积。稀释疫苗时，如果原疫苗瓶容量不够，则可以换一个已经消毒的大瓶进行稀释。

3. 免疫接种方法　常见的有肌内注射免疫接种和后海穴免疫接种。

4. 免疫副反应处理措施

（1）**一般副反应处理措施**　极少部分猪群在免疫后会出现精神萎靡不振、食欲减退、体温稍微升高等一般反应，这种情况一般不需要特殊治疗，可自行消退；此阶段不宜使用抗生素或退热药物，应供给电解多维自由饮水，以缓解症状。

（2）**严重副反应处理措施**　皮下注射 0.1% 盐酸肾上腺素 1～2 毫升，视病情缓解程度，20 分钟后可重复注射 1 次。

（四）接种后续工作及免疫管理

后续工作一般包括清理器材、处理疫苗、整理免疫接种登记表、处理废弃物、观察猪群接种反应和开展免疫监测等。接种所用的注射器、针头、刺种针、滴管等器械洗净后，煮沸消毒备用；开启或稀释后的疫苗，当天未用完的应弃掉，未开启和未

稀释的疫苗，则应放入冰箱，在有效期内下次接种时首先使用；用完的疫苗瓶、用过的酒精棉球和碘酊棉球等废弃物消毒后深埋处理。

（五）注意事项

（1）妥善贮藏疫苗。疫苗种类不同，其贮藏条件也不同。领取疫苗后，要仔细阅读疫苗使用说明书或标签，严格按照要求贮藏疫苗。

（2）免疫接种部位要准确，耳后肌内注射或后海穴注射，否则会引起吸收不良。

（3）要严格按照疫苗使用说明书要求，正确选择稀释液稀释疫苗，稀释好的疫苗要防晒、防高温，低温贮藏，使用时间不得超过4小时。灭活疫苗开启后需当天用完。

（4）针头大小要适当，若针头过短、过粗，注射后拔出针头时，疫苗易顺着针孔流出，或将疫苗注入脂肪层；针头过长，易伤及骨膜和脏器。

（5）对于种猪，最好施行1头1针头，哺乳仔猪1窝1针头，其他猪群1栏1针头，以避免针头传播病原。

（6）用完的疫苗瓶、酒精棉球等废弃物要注意收集，并进行焚烧或深埋无害化处理。

（六）疫苗选购

疫苗选择通常可以由3个方面进行评估。

1. 毒株　主要考虑毒株的免疫原性、稳定性、安全性等。比如猪伪狂犬病疫苗，国际上主流毒株都是Bartha株（也有叫Bartha K61或K61），当前我国绝大部分进口疫苗和国产疫苗也都是这个毒株。因为它是自然弱毒gE基因缺失，可以与野毒相区别；安全性高，免疫原性好，无毒力返强的风险。伪狂犬病毒被确认为猪甲型疱疹病毒；为双链的一种病毒。迄今从世界各地

分离的毒株均呈现一致的血清学反应，即只有 1 个血清型，但毒力有强弱之分，毒株的致病性有差异。另外，因近年来毒株的变异，导致部分旧毒株疫苗免疫效果降低，因此，应选用当前流行毒株的新疫苗，进行猪群免疫，效果较好。

2. 效价 效价即抗原含量。因为我们知道买疫苗主要就是买特异性的抗原来帮助猪只产生特异性的免疫力，以预防特定性的疾病所以我们买疫苗时不仅要考虑 1 头份疫苗多少钱，更要考虑 1 头份疫苗中有多少抗原的含量。当前所有的伪狂犬疫苗的抗原含量单位用半数细胞感染量，即 $TCID_{50}$ 或 $CCID_{50}$ 来表示。由于不同厂家伪狂犬疫苗的含量相差甚远，高效价的疫苗配以合适的佐剂可以有效阻断病毒循环，达到黄金标准，用于帮助净化伪狂犬病高效价的抗原可以产生更高水平的免疫力，保护期长，保护猪只避免伪狂犬病的困扰。母源抗体可保护到至少 10 周龄，所以其仔猪首免在 10～12 周龄。14～16 周龄二免。有些疫苗的抗原含量使用的单位不同，就不能直接比较了。这就要看其产生免疫力的水平，所以效价高的疫苗，配以合适的佐剂，产生的免疫力也比较高。其所产小猪获得母源抗体也比较高，这样首免的日龄就应该比较晚些。

3. 佐剂 通常分为免疫增强型佐剂和普通型佐剂，油佐剂都是免疫增强型佐剂，而水佐剂则包括免疫增强型佐剂和普通型佐剂。上述佐剂各有自己的特点，并没有笼统的好坏之分，关键是看与什么疫苗相配。一般而言，油佐剂疫苗产生抗体较慢，注射应激相对大些，有免疫刺激作用，优点是抗体维持时间长而平稳。水性佐剂疫苗好抽易打，应激小，抗体产生快，高峰高，缺点是维持时间短，波动比较大。如何选择用水佐剂或油佐剂呢？有一个比较简单的做法，如果这个疫苗用于免疫母猪，通过母源抗体保护其仔猪，与母猪本身没有关系，建议选用水佐剂疫苗。例如，流行性腹泻和传染性胃肠炎疫苗，免疫母猪是为了提高母猪的抗体水平，通过初乳传递给仔猪来保护仔猪，不是为了保护母猪本身。因为该类疫苗具有抗体产生高峰高的特点，保证母猪在产仔时，获得高抗体即可。这类疫苗通常选用水佐剂的较好。如果这个疫苗是免疫母猪，既要保护母猪本身，又要通过母源抗体保护其仔猪，建议选用油佐剂疫苗较好。因为该类疫苗具有产生抗体维持时间长而平稳的特点，保证母猪全年都处于较高而平稳的抗体水平，既可在产仔时把高抗体传给仔猪，又可保护自身。比如口蹄疫疫苗、伪狂犬病疫苗等。因为伪狂犬病不仅会危及仔猪，同时也会危及母猪，要求疫苗通过免疫母猪不仅要维持母猪一生高而平稳的免疫力来保护自身免受伪狂犬病毒的困扰，同时还要产生高的母源抗体通过初乳传递给仔猪。梅里亚的猪克伪是水包油佐剂，其维持了油佐剂抗体持久，均匀度好的优点，降低了油佐剂应激大的缺点。

五、常用猪病诊断技术

（一）猪病流行病学调查

　　流行病学调查分为临床流行病学调查、血清学流行病学调查和病原学流行病学调查。方式多样化，如利用现代通信手段或以座谈方式向畜主或相关知情人员询问疫情，或到现场进行仔细调研，取得第一手资料，然后进行综合归纳、分析处理，做出初步诊断。了解最初发病时间、地点，随后蔓延的情况，目前的疫情分布。本次发病后是否进行过诊断，采取过哪些措施，效果如何。防疫情况如何，接种过哪些疫苗，疫苗来源、免疫方法和剂量、接种次数等。是否做过免疫监测，群体抗体水平如何。发病前有无饲养管理、饲料、用药、气候等变化或其他应激因素存在。查明感染率、发病率、病死率和死亡率。本地过去若发生过类似的疫病，在何时何地发生，流行情况如何，是否经过确诊，

有无历史资料可查，何时采取过何种防治措施，效果如何；如本地未发生过，附近地区是否发生过；是否由其他地方引进过活猪、猪产品或饲料，输出地有无类似的疫病存在；是否有外来人员进入本场或本地区进行参观、访问或购销等活动。

（二）临床诊断

通过望、闻、问、切、叩、嗅等最基本的症状观察方法，通过我们的眼、耳、手、鼻和脑等发现症状，经过分析，做出症状诊断。主要包括：①病猪登记：登记畜主、地址、通信、猪的有关信息；②全面系统检查：外观病症、体温（37.5℃～39℃）、眼结膜、精神、叫声、运动、呼吸、消化、泌尿等系统检查，然后根据临床症状，可初步分析属于哪类疾病。

（三）病理解剖

尸体剖检是诊断猪流行性疾病最客观、最直接、最简便、最快速的临床诊断方法。可通过肉眼观察各个组织器官的病理变化。我国猪流行性疾病的致病因素非常复杂，多为混合感染、继发感染、多因素疾病，单从病原学或血清学的方法诊断疾病，很难做出确切诊断，不易分清主次病因，难免出现主观武断或片面错误的结论。从尸体剖检入手结合病原学、血清学及病理组织学诊断才能得出科学的诊断结论。病理组织学诊断主要是取病变组织，通过切片或涂片、染色处理，在光学显微镜下观察细胞组织病变，对疾病做出诊断。包括细胞形态学、组织化学方法。

根据流行病学调查、临床症状和病理变化，可对疫情做出初步诊断，但确诊还必须送检到相关实验室检测部门。猪场解剖需要注意以下几个方面。

1. 解剖前的准备工作 准备好消毒药、乳胶手套、解剖刀、解剖剪、镊子等有关器械，经灭菌的取样容器、培养基、玻片

等。解剖用具用之前要用消毒液进行浸泡消毒；取样容器和检测用培养基用干热或湿热灭菌消毒。取样时不同的组织和部位病料要分开放置，不得混淆。

2. 解剖地点和时间　发现病、死猪只，最好马上请兽医技术员剖检，不要放置很长时间，以免出现腐败影响病理变化的观察和判断；也可以将濒临死亡的猪直接宰杀剖检。解剖地点有条件的最好放在兽医解剖室进行，没有条件的也要远离猪舍，不能在猪舍里或门口就地解剖，解剖过程要做好人员的个人防护，要戴手套、口罩，穿白大褂，如有条件最好穿防护服。

3. 解剖检查流程　解剖时要全面、准确、系统地检查尸体内所呈现的病理变化，不要看到病变就草草了事，必须按照一定的程序把能解剖观察的器官和系统全面检查一遍，有可能的话要多解剖几只猪，以便观察发现病变的一致性和特殊性，为最终诊断提供全面依据。尸体解剖程序如下。

（1）全部检查　包括猪的品种、性别、年龄、毛色、特征、营养状况、皮肤、死后变化、天然孔（口、眼、鼻、耳、肛门和外生殖器）及可视黏膜。

（2）皮与皮下检查　将尸体仰卧固定后，先由下颌经颈，胸，腹（绕开乳房、阴户和阴茎）至肛门进行纵切，然后由四肢系部经其内侧至上述切线分别做四道横切后，可剥离全部皮张。剥皮后对皮下检查，主要检查皮下脂肪、血管、血液、肌肉、乳房、外生殖器官、食管、喉、舌、气管、淋巴结等的变化。

（3）腹剖开检查与取出脏器　剥皮后，让尸体呈左侧卧位，从右侧部沿肋骨弓至剑状软骨切开腹壁，再从髋结节至耻骨联合切开腹壁。先检查有无肠变位、腹膜炎、腹腔积液等异常，然后在横膈膜之后切断食道，取出腹腔内所有脏器。切开横膈膜，找到并切断气管，将肺脏和心脏取出。

（4）解剖脏器检查重点

①取样检查的病料　一般情况下取病死猪的心脏、肝脏、脾

脏、肺脏、肾脏和淋巴结留样备检。取样时注意无菌操作，不同的部位和病料应单独采集存放。消化系统有问题时可以取胃、肠道及其内容物留样备检。

②心肺检查　看气管内有没有出血，黏液堵塞等；看肺脏的大小、颜色有无异常，切开肺叶，有无淤血、实变。胸腔有无积液、纤维素性渗出和粘连。看心包液颜色和多少，有无浑浊，心包膜有无粘连和增厚；看心脏的大小、形态、软硬度和心室与心房的充盈度。

③胃肠消化系统检查　看肝脏、脾脏、胰腺等器官的颜色、大小、质地、形状以及表面有无出血点和出血斑；切开肝脏和脾脏看切面有无异常。切开胃肠，注意观察其内容物的质量、数量、颜色、气味，胃和肠道内壁有无出血和溃疡、糜烂，黏膜有无脱落；肠道有无粘连，肠系膜淋巴结有无增大。胃肠内容物是否有异常的酸败或腐臭，有没有寄生虫。

④肾脏及生殖系统检查　看肾脏的大小、质地、颜色，表面有无出血；妊娠母猪或种猪检查生殖系统是否异常。

（四）实验室诊断

1. 常见实验室诊断方法　当前，对猪群疫病诊断主要有病原学检测和血清学检测等方法。采用检测技术定期地对猪场进行诊断，可以达到几个目的：

（1）尽早发现疾病，做到早发现、早预防及早治疗；

（2）对某种疾病做回顾诊断，了解本场曾经发生过何种疾病；

（3）正确了解并评估免疫状态，以便掌握猪场中病原感染及疫苗的免疫状况，合理制定免疫程序；

（4）类症鉴别诊断。

目前较常用于猪场主要疾病检测与血清学监测的方法有以下几种（表1-1、表1-2）。

表 1-1　主要疫病的检测方法及判定标准

疫病种类	检测方法	判定结果或意义
猪　瘟	RT-PCR	扩增与目的片段相同大小，说明检出猪瘟病毒抗原
	荧光定量 RT-PCR	在有效循环数内出现荧光，说明检出猪瘟病毒抗原
	荧光抗体检查	亮绿色荧光，表示检出猪瘟病毒抗原
猪伪狂犬病	PCR	扩增与目的片段相同大小，说明检出猪瘟病毒抗原
	荧光定量 RT-PCR	在有效循环数内出现荧光，说明检出猪伪狂犬病毒抗原
	gE 缺失蛋白－ELISA	鉴别 gE 基因缺失疫苗免疫猪和强毒感染猪
猪细小病毒病	PCR	扩增与目的片段相同大小，说明检出猪细小病毒抗原
	荧光定量 RT-PCR	在有效循环数内出现荧光，说明检出猪伪狂犬病毒抗原
猪传染性胃肠炎和猪流行性腹泻	荧光抗体检测	小肠黏膜检测，亮绿色荧光，表示检出猪传染性胃肠炎或猪流行性腹泻病毒抗原
	RT-PCR	扩增与目的片段相同大小，说明检出猪传染性胃肠炎或猪流行性腹泻病毒抗原
乙型脑炎	RT-PCR	扩增与目的片段相同大小，说明检出乙型脑炎病毒抗原
	血清中和试验	抑制病毒产生病变
猪衣原体病	间接血凝试验	1. 抗体滴度 1∶64 为阳性感染； 2. 晚期血清比早期血清高 4 倍，也可判为阳性
猪繁殖与呼吸综合征	RT-PCR	扩增与目的片段相同大小，说明检出猪繁殖与呼吸综合征病毒抗原
	荧光定量 RT-PCR	在有效循环数内出现荧光，说明检出猪繁殖与呼吸综合征病毒抗原
猪肺疫	红细胞被动凝集试验	检测 K 抗原（A、B、D、E、F）的抗体
	试管凝集反应、凝胶扩散反应	检测 O 抗原的抗体

续表 1-1

疫病种类	检测方法	判定结果或意义
猪布鲁氏菌病	试管凝集试验	抗体在1:50以上判为阳性，1:25为可疑，3～4周后再采血检查，仍为可疑，根据临床症状及猪群中血清阳性率高低综合考虑
猪弓形虫病	间接血凝试验	阳性对照血凝效价≥1:1024时，血清效价≥1:64为阳性
猪传染性胸膜肺炎	快速玻片凝集试验、试管凝集试验、间接血凝试验	有混合抗原和分型抗原检测

表 1-2　疾病的主要血清学检测方法一览表

血清学方法		适用的疾病
酶联免疫吸附试验		猪瘟、猪繁殖与呼吸综合征、猪伪狂犬病、猪圆环病毒病、细小病毒病、口蹄疫病
凝集反应	玻片凝集试验	沙门氏菌病、布鲁氏菌病、萎缩性鼻炎
	试管凝集试验	巴氏杆菌病、猪丹毒、布鲁氏菌病
	乳胶凝集试验	乙脑、细小病毒病
	炭凝集试验	猪囊虫、弓形体病
	间接血凝试验	猪瘟、衣原体病、细小病毒病、猪伪狂犬病、口蹄疫、气喘病、弓形体病
	SPA协同凝集试验	沙门氏菌病、脑脊髓炎、钩端螺旋体病、链球菌病
环状沉淀试验		炭疽病试验、链球菌血清型鉴定
免疫扩散试验		猪伪狂犬病、猪瘟
荧光抗体技术		猪伪狂犬病、猪丹毒、猪痢疾、猪瘟、猪流行性腹泻、猪传染性胃肠炎
病毒中和试验		伪狂犬病、口蹄疫、猪瘟等

2. 具体操作步骤

（1）PCR 和 RT-PCR 方法

①提取病毒核酸。

② RNA 病毒进行 RT 反应，形成 CDNA（DNA 病毒此步骤可以省略）。

③ PCR 反应。

④凝胶电泳，观察核酸扩增片段的大小，是否为目的片段。

⑤分析检测结果。

（2）荧光定量 RT-PCR 方法

①提取病毒核酸。

② RNA 病毒进行 RT 反应，形成 CDNA（DNA 病毒此步骤可以省略）。

③荧光定量 PCR 反应。

④观察荧光数值和有效循环数。

⑤分析检测结果。

（3）免疫荧光方法

①病料切片。

②加相应一抗体进行反应。

③洗涤切片。

④加荧光二抗体进行反应。

⑤洗涤切片。

⑥荧光显微镜下观察荧光，分析结果。

（4）酶联免吸附试验方法

①抗原包被，洗涤。

②封闭抗原，洗涤。

③加相应一抗血清，进行抗原抗体反应，洗涤。

④加相应酶标二抗反应，洗涤。

⑤加显色液反应。

⑥加终止液，读数，分析结果。

3. 注意事项

（1）采集的病料要新鲜。

（2）采集的血清未溶血。

（3）试剂未过期，操作步骤准确，读数无误。

（五）样品的采集、包装、寄送

1. 组织、脏器的采集　供做细菌学检验的样品，其大小以 5 立方厘米为宜。淋巴结可连同周围脂肪，肾脏可连同被膜，其他器官选择病变明显部位采取，分别置于灭菌容器中。为了保证不污染，每采一个脏器用一套灭菌剪镊，各脏器必须做触片（或压片）数张。供病毒检验的病料，一般以 50% 磷酸甘油（或 50% 甘油生理盐水）保存。

2. 血液、血清的采集　血液若需抗凝，可吸 5% 柠檬酸钠 1 毫升于注射器中，取血 9～10 毫升，混匀，注入灭菌试管或小瓶中。取血时可顺便涂血片数张。因柠檬酸钠具有微弱灭活病毒的作用，用在接种动物后易引起非特异性反应，因此供病毒检验的血液，最好用肝素（每毫升血液加 20 单位即 0.2 毫克）抗凝。也可用玻璃珠脱纤维蛋白抗凝。

血清的采取，可将血液采入试管或三角瓶中斜放，使血液自然凝固，再分离血清，气温低时，可放于 37℃ 容器内 1～2 小时，然后再放冰箱（4℃）过夜，促进血块收缩，使血清析出。

供做血清学试验的被检血清或补体，事前应经 56～60℃ 水浴锅中灭能后再用。为防血清在运送过程中变质，可在其中加入 0.01% 硫柳汞或 0.5% 苯酚（每毫升血清加 3%～5% 苯酚溶液 1～2 滴）或青霉素 500～1 000 单位 / 毫升、链霉素 500～1 000 微克 / 毫升等防腐剂。有时需采病初及病后（15～20 天）的双份血清，以便进行比较。

3. 脓汁及创伤感染样品的采集　脓汁、水疱液、水肿液、渗出液，可用无菌注射器或毛细吸管抽取深部病料。剪开化脓灶

或鼻腔、阴道分泌物，可用灭菌棉拭子蘸浸后放入灭菌试管中。

胆汁，可用消毒注射器吸取，或取整个胆囊置一塑料袋中送检。

4. 鼻、咽分泌物的采集　以灭菌棉拭子揩取鼻黏膜上的分泌物置灭菌试管内。采咽分泌物，应先将患猪头部保定，以开口器打开口腔，将无菌棉拭子伸入舌根后上方（腭扁桃体及咽扁桃体部分及咽峡部分）拭取病料后放入无菌试管中。如疑为病毒感染可将棉拭子上的分泌物浸入加青、链霉素的肉汤中。

5. 痰液的采取　疑为支原体病、巴氏杆菌病、波氏杆菌病等呼吸道传染病时，宜采痰液进行病原分离。平时猪很难咳嗽，即使有咳，也不易吐痰，因而生前可在喉囊附近做人工诱咳让其将痰咳至咽喉部，用棉拭子法采取痰液。死后可解剖开咽喉部、气管、支气管寻找到痰液后用棉拭子蘸取。

6. 粪便的采集　用清洁玻棒挑新鲜粪便 1 克左右，或用棉拭子伸入直肠内掏取，也可刮取直肠黏膜送检。

7. 胃肠内容物的采集　中小家猪可将食道及十二指肠结扎，断端烧烙后用整个胃送检。大猪胃内容物，以灭菌刀剖开胃后，用灭菌匙取。

肠内容物，可选取适宜肠段 7 厘米以上，两端结扎，以灭菌剪刀从结扎线外端剪断，置玻璃容器或塑料袋中。

8. 穿刺液（胸水、腹水、关节液等）的采集　生前可用灭菌注射器带粗长针头刺入胸腔或腹腔最低垂部位抽取胸水或腹水。关节液采取可用腰椎穿刺针刺入关节腔后抽取，注意无菌操作。

尸体剖检后的胸水、腹水、心包液、关节液，可用灭菌注射器或灭菌吸管采取。

9. 尿液的采集　母猪生前可用灭菌导尿管插入阴道尿道口直入膀胱颈人工导尿。公猪可将阴茎末端尿道口及其附近先用0.1% 新洁尔灭消毒，然后用灭菌生理盐水冲洗后以无菌脱脂棉（或纱布）拭干，再套一小号的灭菌塑料袋（固定绳拴于背腰部）

让其排尿后，立即取下送检。

死后的动物，剖开腹部，掀开肠管，用灭菌注射器刺入膀胱抽取尿液。也可将膀胱颈结扎，剪取整个膀胱送检。

10. 脑脊液的采集 将猪保定稳妥，以无菌手术对腰椎穿刺，针穿入蛛网膜下腔（从百会穴，即腰椎与荐椎交界处"十"字部下针最好），待针头涌出第一滴脑脊液后，立即用注射器衔接好，抽出适量脑脊液。死后可剖开椎间结合处，用注射器插入椎间孔抽取脑脊液。

11. 饲料样品的采取 青贮饲料做乳酸菌和腐败菌的检查，取样应采青贮窖（塔）的不同层次，以无菌操作方法取有代表性样品 20 克备用。

发霉饲料欲做霉菌及其毒素测定时，应取有代表性的部分。发霉的谷物粮食往往还带有杂菌，分离真菌之前可用 0.1% 升汞或 1% 苯酚液浸泡样品（粒料）3～5 分钟，再用蒸馏水反复冲洗 3～4 次以除去消毒剂后，再做真菌分离培养。

12. 水样及病理组织切片样品的采集 自来水采集，须先开龙头放几分钟，再注入灭菌容器内。

河水及其他水的采样，应先将灭菌样瓶潜入水源 10～15 厘米处，掀开瓶盖，待水盛满后取出。病理组织切片样品可取 1～2 立方厘米放入 10% 甲醛液中固定。

13. 样品的包装与寄送 如样品不能立即检验时，应冷藏。

为避免散布病原，将样品容器的表面必须用消毒剂擦拭。用橡皮塞塞紧瓶（试管）口，用石蜡封固，贴上标签，注明样品来源、种类、保存方法、采集时间等，并填好送检单，用冰瓶冷藏送检。

为避免病料外漏，应立放于金属筒内，填塞防震填充料（木屑、纸渣、稻草、塑料泡沫的渣屑等）。

要尽快派专人将样品送达检验单位，远程可用航空快递小包形式投送。

六、猪病治疗技术

（一）保　定

动物保定是指用人为的方法使动物易于接受诊断和治疗，保障人、畜安全所采取的保护性措施。动物保定是兽医从业人员（特别是防疫人员）应具备的基本操作技能之一，良好的保定可保障人畜的安全，并且有利于防疫工作的开展。保定的方法很多，且不同动物的保定方法也不同，保定时应根据条件、动物品种选择合适的保定方法。

1. 提起保定

（1）正提保定　保定者在正面用两手分别握住猪的两耳，向上提起猪头部，或用保定器套住猪的鼻吻部，使猪的前肢悬空。

（2）倒提保定　保定者用两手紧握猪的两后肢胫部，用力提举，使其腹部向前，同时用两腿夹住猪的背部，以防止猪摆动。

（3）猪保定器保定　保定者用保定器的金属套从口腔套在猪的上颌骨犬齿后方，将手柄往后拉，拉紧活套使猪头提举起来，即可进行灌药、打针等。

2. 倒卧保定

（1）侧卧保定　一人抓住一后肢，另一人抓住耳朵，使猪失去平衡，侧卧倒下，固定头部，根据需要固定四肢。

（2）倒卧保定　将猪放倒，使猪保持仰卧姿势，固定四肢。

（二）采　血

1. 准备工作

（1）器具的准备　保温箱或保温瓶，酒精棉，碘酒棉，棉签、注射器及针头或一次性注射器。

（2）辅助器材的准备　离心管、试管架、记号笔、自封袋、

胶布、封口膜、封条、冰袋等。

（3）**防护用品** 口罩、乳胶手套、防护服、防护帽、胶鞋等。

2. 采 血

（1）**耳静脉采血**

①将猪站立保定，一人用猪保定器套住猪鼻子，用力向前拉（猪有一特点，人越向前拉，它越向后退）。这样可以保持平衡，使猪处于稳定状态，易于采血人员操作。

②采血人员看清耳静脉后，用手轻拍使其静脉怒张变粗，用酒精棉消毒，更易于操作。

③然后用大拇指捏压耳根静脉血管处，使静脉充盈。其余四指把持耳朵，将其托平使采血部位稍高。

④右手持连接针头的采血器，沿静脉管使针头与皮肤呈30°～45°角（注意针头的斜面朝外），刺入皮肤及血管内，轻轻回抽针芯，如有回血即证明已刺入血管，再将针管放平并沿血管稍向前伸入，抽取血液。

（2）**前腔静脉采血**

①仰卧保定，把前肢向后方拉直。

②选取胸骨端与耳基部的连线上胸骨端旁开2厘米的凹陷处，消毒。

③用装有12号或20号针头（根据猪的大小选用不同型号的针头）的注射器刺入消毒部位，针刺方向为向后内方与地面呈60°角刺入2～3厘米，当进入约2厘米时可一边刺入一边回抽针管内芯；刺入血管时即可见血进入管内，采血完毕，局部消毒。

3. 给药方法 当猪病被确诊后，应立即制定治疗方案，进行有效治疗。选择药物的种类、剂量及使用方法，要做到对症用药，剂量准确。

（1）**内服给药**

①拌料法 对猪群进行药物预防和治疗时，常将药物的粉剂

拌入饲料中喂服。先按规定剂量称量药物，放入少量精饲料中拌匀，而后将含药的饲料拌入日粮饲料中，认真搅拌均匀，再撒入食槽任其自由采食。饮水拌药，将药物按一定剂量溶解在水中，猪群通过喝水达到内服药物的效果，尤其是针对病弱猪，通过这种给药方式，效果良好。

②灌服法 水剂药物也可用灌药瓶或投药导管，即近前端处有横孔的胶管进行投服。家庭养猪一般用灌药瓶投药，先把配好的药液放入特制的灌药瓶中，助手将猪保定，术者一手用木棍撬开口腔，另一只手持盛药的瓶子，将药液一口一口地倒入口腔，待其咽下一口后，再倒另一口，以防误咽。

（2）注射给药

①皮下注射法 将药液注射于皮下结缔组织内，使药液经毛细血管、淋巴管吸收进入血液循环。

②肌内注射法 一般选择颈部肌肉，将注射器针头迅速刺入肌肉内 3～5 厘米，回抽活塞没有回血，即可注入药液，注射完毕拔出针头。

③耳静脉注射法 选择在猪耳的背面稍突起的静脉管，先用酒精棉球局部消毒，用手指压迫耳根，以使静脉怒张。初次注射，可在耳边的血管末端处注射，如第 1 次不成功，出现血肿，可顺次由末端处于向心端的血管注入。

④腹腔注射法 将相应药液注入腹腔的方法，适合于对腹泻猪群的治疗。

（3）子宫冲洗法 主要用于子宫内膜炎的治疗，目的为清除子宫内坏死组织和腐败组织，促进子宫复原。将器械、母猪外阴部用 0.1% 新洁尔灭或 0.1% 高锰酸钾等溶液消毒，然后将洗涤器小心地从阴道插入子宫颈内，深度一般为 20～30 厘米，即可用冲洗液冲洗，直到排出透明液为止，冲洗后药液要尽量排出体外。

七、猪场疾病综合防治技术

随着养猪业规模化、集约化高度发展，猪群疫病也越来越复杂，混合感染越来越多，免疫抑制性疾病时有发生，给猪群疫病的防控带来巨大的挑战，疫病危害成为制约我国养猪业，特别是规模化养猪业发展的主要问题之一。在规模化养猪业发展的过程中，研究和制定出一整套适合规模养猪的综合性防疫体系，装备规模化猪场，是兽医工作者的当务之急。疾病的综合防治，应秉承预防为主、治疗为辅的原则，做到早预防、早治疗，以减少疾病的发生。

（一）猪场兽医卫生防疫措施

1. 猪场建筑及布局

（1）要求猪场地址应位于法律、法规明确规定的禁养区以外，地势高燥，通风良好，交通便利，水电供应稳定，隔离条件良好，有利防疫的地方；新建猪场必须经有关部门论证，行政审批后方可实施。

（2）新建猪场周围3千米范围内无大型化工厂、矿区、皮革加工厂、屠宰场、肉品加工场或其他畜牧场污染源，距离干线公路、铁路、居民区和公众聚会场所1千米以上；禁止在旅游区、自然保护区、水源保护区和环境公害污染严重的地区建场；场址应位于居民区常年主导风向的下风向或侧风向。

（3）生产区和行政、生活区必须严格分开。

①猪场大门要建宽于门口、长于机动车轮1周半、水泥结构的消毒池。

②生产区入口设更衣室、消毒室，猪舍入口建宽于门口，长1.5米以上的消毒池。

③场内须设水井、引水塔。

④饲料库、调制室和母猪舍（包括产房）应建在场内上风处。

⑤病猪隔离舍、兽医室、病（死）猪剖检室，以及粪便处理场应建在场外远离水源的下风处，地势应低于健康猪舍和生活区，距离不少于 200 米。

2. 兽医职责及设施

（1）猪场必须任用能胜任兽医防疫、检疫工作的专职兽医技术人员掌管场内兽医卫生工作。其职责为：

①负责制订全场卫生防疫工作计划，并负责组织实施和向场长报告执行情况。

②执行或监督病猪诊疗、死猪剖检工作，提出防治措施，并做好记录。

③定期总结本场防检疫工作，有疫情及时向当地兽医主管部门报告。

④随时深入猪舍，观察猪只健康情况，参与病猪护理工作。

⑤检查饮水、饲料、牧地、猪舍、用具和粪场的兽医卫生情况，并提出改进意见。

⑥对出场的种猪、商品猪及畜产品，执行兽医监督职责。

⑦宣传贯彻防疫灭病方针、政策，普及科学技术。

（2）猪场必须设兽医诊疗室及药房。兽医室要设病志、防检疫记录、尸体剖检记录、出（进）场检疫证明（存根）等表册，并认真填写，妥善保存。

3. 卫生防疫措施

（1）猪场大门设专职人员，负责来往人员、出入车辆的消毒工作，保持消毒池内消毒剂的有效浓度。

（2）猪场兽医、饲养员、调料员进入猪舍、调制室工作前，必须穿工作服、胶鞋并通过消毒槽入岗工作，离岗时将工作服、鞋留在更衣室内，禁止带出场外。

（3）固定饲养人员，舍间人员，不准随便来往，用具不准串换。

（4）猪舍用具要求每月进行 1 次消毒，每年春、秋两季进行

大清扫、大消毒。出栏猪必须全进全出，每批猪出栏后进行彻底消毒，空圈1周后，方可进猪。不能全进全出的猪舍，可采取带猪消毒的办法。

（5）经常开展灭鼠、灭蚊、灭蝇工作，禁止畜、禽、犬、猫等动物进入场内；粪便要定期清理和堆积发酵。

（6）严禁喂食冻结、腐败、变质饲料和未经煮沸的食堂下脚料及剩饭剩菜。

（7）猪场应立足于自繁自养，如需要引进种猪或补充猪源时，必须从非疫区购入，经严格检疫，购进后隔离观察3周以上，确认健康时可入舍混群。

（8）场外人员和车辆严禁进入猪场。因工作需要必须进入时，须经值班兽医批准按本场规定，严格消毒后，方可进入。

（9）饲养人员必须坚守工作岗位，注意观察猪群健康情况，发现异常，立即报告，以便采取相应措施。

（10）场内职工不准将猪肉及其制品带入场内，职工肉食供给应做到场内自行解决。

（11）兽医人员不准给场外单位和个人诊疗猪病。

（12）出售猪只及肉制品必须在场外交易，出场猪及肉制品不准回流。

（13）重大疫病的免疫。

（14）猪场发生可疑传染病时，必须立即采取隔离措施，尽早确诊、查明原因，及时上报当地主管兽医部门，不能确诊的应采病料送检。

（15）确诊为传染病时，视疾病种类划定封锁区，并树立明显标志。封锁区内禁止人员、车辆出入。用具、物品禁止外运，对病死猪及急宰猪只应根据四部下达的"肉品卫生检验试行规程"处理。受威胁区采取必要的紧急措施。解除封锁日期，应在最后一头病猪死亡或痊愈后，在超过该病潜伏期后未再发生病畜，并经彻底清毒后，报上级兽医部门检查验收合格，由原发布

封锁部门宣布解除封锁，并行文备案。

（16）传染病猪及疑似病猪经兽医人员检查，根据情况焚烧、掩埋或经无害化处理后利用。剖检屠宰病畜应在指定地点进行，其后场地、用具及污物进行彻底消毒和销毁。

（17）需焚烧或掩埋的尸体及其他废物，用不透水塑料袋或箱运到指定地点焚烧或挖 2 米的深坑掩埋。被污染物品、用具和人员及工作服等须经严格消毒。

（18）对封锁区内剩余的饲料、垫草、粪便进行烧毁或堆积发酵；被封锁人员衣物必须经严密消毒后携带出场；全舍进行彻底消毒。空舍 3 个月（视疫病种类定）后，方可继续使用。

（19）本场或附近场（户）发生传染病时，必须立即上报当地兽医站，任何人不得以任何借口隐瞒不报或伪报。

（二）参考免疫程序

因各个猪场疫病的流行情况不一，因此，应根据本场实际情况，制定出符合本场的免疫程序，以保障猪群健康。以下为某猪场免疫程序（表 1–3 至表 1–5），供参考。

表 1–3　后备母猪和公猪免疫程序

疫苗名称	免疫时间	免疫剂量	免疫途径
伪狂犬病	120 日龄	2 头份 / 头	肌内注射
猪繁殖与呼吸综合征	130 日龄	1.5 头份 / 头	肌内注射、弱毒疫苗
猪乙型脑炎	140 日龄	2 头份 / 头	肌内注射
猪细小病毒病	140 日龄	3 毫升 / 头	肌内注射
圆环病毒病	150 日龄	2 毫升 / 头	肌内注射
传染性胃肠炎和流行性腹泻	160 日龄	1 头份 / 头	后海穴或肌内注射
猪　瘟	170 日龄	4 头份 / 头	肌内注射

续表 1-3

疫苗名称	免疫时间	免疫剂量	免疫途径
口蹄疫	180 日龄	按说明书	肌内注射
伪狂犬病	190 日龄	2 头份 / 头	肌内注射
猪繁殖与呼吸综合征	200 日龄	1.5 头份 / 头	肌内注射、弱毒疫苗
猪细小病毒病	210 日龄	3 毫升	肌内注射
猪乙型脑炎	210 日龄	2 头份 / 头	肌内注射
圆环病毒病	220 日龄	2 毫升 / 头	肌内注射
传染性胃肠炎 - 流行性腹泻	230 日龄	1 头份 / 头	后海穴或肌内注射
猪　瘟	240 日龄	4 头份 / 头	肌内注射
伪狂犬病	产前 50 天	2 头份 / 头	肌内注射
猪　瘟	产前 40 天	2 头份 / 头	肌内注射
传染性胃肠炎 - 流行性腹泻	产前 30 天	1 头份 / 头	后海穴或肌内注射

表 1-4　经产母猪免疫程序

疫苗名称	免疫时间	免疫剂量	免疫途径
猪　瘟	4 次 / 年	4 头份 / 头	肌内注射
伪狂犬病	4 次 / 年	2 头份 / 头	肌内注射
猪繁殖与呼吸综合征	3 次 / 年	1.5 头份 / 头	肌内注射、弱毒疫苗
口蹄疫	3 次 / 年	按说明	肌内注射
猪乙型脑炎	3 月 / 年	2 头份 / 头	肌内注射
猪细小病毒病	产后 10～14 天	3 毫升 / 头	肌内注射
猪　瘟	产前 35～40 天	4 头份 / 头	肌内注射
传染性胃肠炎 - 流行性腹泻	产前 25～30 天	1 头份 / 头	后海穴或肌内注射

表 1-5　商品猪疫苗免疫程序

疫苗名称	免疫时间	免疫剂量	免疫途径
猪　瘟	20～23 日龄	2 头份 / 头	肌内注射
猪繁殖与呼吸综合征	30～33 日龄	1 头份 / 头	肌内注射、弱毒疫苗
伪狂犬病	40～43 日龄	1 头份 / 头	肌内注射
口蹄疫	50～53 日龄	按说明书	肌内注射
猪　瘟	60～63 日龄	3 头份 / 头	肌内注射
口蹄疫	110～120 日龄	按说明	肌内注射

注：猪繁殖与呼吸综合征疫苗可根据本场实际情况选择免疫与否。

公猪免疫：猪瘟、伪狂犬病、口蹄疫、乙脑等疫苗跟随母猪的免疫时间免疫。其中除了乙脑每年免疫 2 次外，其他都每年免疫 3 次。

（三）参考药物保健方案

1. 出生小猪三针保健

（1）出生时：长效土霉素 0.5 毫升。

（2）阉割时（7～10 日龄）：长效土霉素 0.5 毫升。

（3）断乳时（21～28 日龄）：长效土霉素 1 毫升。

2. 刚断乳的猪保健（7 天） 以下方案二选一。

（1）泰乐菌素（泰农）1 500 克 / 吨＋磺胺二甲嘧啶 100 克 / 吨＋TMP 30 克 / 吨。

（2）20% 替米考星 1 000 克 / 吨。

3. 母猪产前 10 天和产后 10 天 以下方案二选一。

（1）80% 泰妙菌素 125 克 / 吨＋金霉素 300 克 / 吨＋阿莫西林 200 克 / 吨。

（2）利高霉素 1 500 克 / 吨。

4. 用药方法说明

（1）在刚断乳保育猪料中用药 1～2 周，停药 1～2 周后在

小猪料中再用药 1 周。

（2）某些猪场还有必要在产前 7 天和产后 8 天母猪料及哺乳仔猪料（或饮水）中用药。

（3）后备母猪配种之前在饲料中用药 1～2 周。

（4）必要时在中猪阶段饲料中用药 1～2 周或每月定时用药5～7 天。

（5）病情比较严重的猪群除在饲料中用药，还要在饮水中用另一种药。

（6）许多猪场在每批猪转栏时（尤其是在断乳猪转栏时），在饮水中用药 5～7 天。

（7）以上推荐药剂量为预防剂量，治疗量要加倍。

（四）无害化处理、杀虫、灭鼠

1. 无害化处理　每个猪舍都应配有各自的、质地坚韧不漏水的收尸袋和有拖轮的带盖收尸桶，死亡猪只的尸体及分娩后的胎盘、死胎应随时收装袋中，扎紧袋口，并放入收尸桶，加盖，拖出门外，由卫生化制人员以专用容器运至尸体处理间，进行化制，收尸袋一次性使用。目前处理病死猪尸体可采用无害化处理机、垫料微生物发酵法等方法进行处理。

猪场应有完备的粪污处理设备，包括猪栏漏缝地板、冲洗设备（如变压水机）、排污渠、粪便分离器（台）、集污池等。粪污集中流至水渣分离台，经分离后污水入塘净化，粪渣运至农区沤熟制肥或就地贮存，再加土封盖。经过沤制，粪中的细菌、病毒以及寄生虫卵等病原体可被杀死而起到消毒作用。

2. 杀虫　杀灭猪场中的有害昆虫——蚊蝇等节肢媒介昆虫和老鼠等野生动物，是消灭疫病传染源和切断其传播途径的有效措施，在控制猪场的传染性疾病、保障人畜健康上具有十分重要的意义，是综合性防疫体系中环境控制的重要措施。

规模化猪场有害昆虫主要指蚊、蝇等媒介节肢动物。杀灭方法可分为物理、化学和生物学方法。物理方法除捕捉、拍打、黏附等外，电子灭蚊灯在猪场中有一定的应用价值。生物学灭虫法的关键在于环境卫生状况的控制，首先要搞好猪舍内的清洁卫生，及时消除舍内地面及排粪沟中的积粪、饲料残屑及垃圾；其次应保持场区内的环境清洁卫生，清除杂草，填埋积水坑洼，保持排水、推污系统的畅通，加强粪污管理和无害化处理。通过这些措施，使有害昆虫失去繁衍滋生场所，达到杀灭之目的。化学杀虫法则是使用化学杀虫剂，在猪舍内进行大面积喷洒，向场区内外的蚊蝇息地、滋生地进行滞留喷洒。常用杀虫剂及其用法见表1-6。

表1-6　常用杀虫剂一览表

类　别	化学名	商品名	使用浓度	使用方法
拟除虫菊酯类	溴氰菊酯	兽用倍特	25克/吨	残留喷洒
	氯氰菊酯	灭百可	2.5%	残留喷洒
	氰戊菊酯	速灭杀丁	10～40克/吨	残留喷洒
有机磷类	敌百虫		1%～3%	喷　洒
	敌敌畏		0.1毫升/米^2	喷　洒
	二嗪农	新农、螨净	1∶1000	喷　洒
	倍硫磷	百治屠	0.25%	喷　洒
胀类和氨甲基酸酯类	甲萘威	特敌克	2克/米^2	滞留喷洒
	残杀威	西维因	2克/米^2	滞留喷洒
新型杀虫剂		加强蝇必净	100克/40米^2	涂抹在10厘米×13厘米大小的10～30个点上
		蝇蛆净	20克/20米^2	溶解后浇灌于粪便表层

由于这类昆虫具有飞翔能力，对化学杀虫剂能及时躲避，影响杀灭效果，施药时应选择合适的时间和方法进行。目前已有新一代的杀虫剂出现。如瑞士汽巴——嘉基生产的加强蝇必净，使

用化学杀虫剂与苍蝇吸引剂制成的复合型杀虫剂，可有效地杀灭成蝇，与之配套使用的蝇蛆净是昆虫生长抑制剂，阻碍蚊蝇幼虫的发育，二者结合使用可较好地解决规模化猪场的虫害问题。此外，国内生产的一种添加剂，添加到饲料中后除可驱除猪体内外寄生虫，其在粪便中的残留成分还可杀灭蚊蝇幼虫。这些新型杀虫剂在规模化猪场中值得大力推广应用。

3. 灭鼠　灭鼠法可分为生态灭鼠法、化学灭鼠法和物理学灭鼠法。由于规模化猪场占地面积大，猪只高度密集，采用鼠夹、鼠笼、电子猫等物理法灭鼠效果较差，多不采用，主要采用前两种方法灭鼠。

在有鼠害的猪场，应在对鼠的种类及其分布和密度调查的基础上制订灭鼠计划。为了能有效地控制鼠害，应动员全场工作人员，人人动手，采用坚壁清野的方法，使鼠类难以获取食物，挖毁其室外的巢穴，填埋、堵塞室内鼠洞，用烟熏剂熏杀洞中老鼠，使其失去栖身之所，破坏其生存环境，达到驱杀之目的。与此同时，使用各类杀鼠剂制成毒饵后在场区内外大面积投放。常用杀鼠剂见表1-7。

表1-7　常用杀鼠剂一览表

药物名称	使用浓度	使用方法	人畜中毒后的解毒药
磷化锌（耗鼠尽）	1:20	拌饵料投布	对症治疗
大隆（溴联苯杀鼠迷）	0.005%	拌饵料投布	维生素 K_1
杀鼠迷（立克命）	0.037 5%	拌饵料投布	维生素 K_1
溴敌隆	0.5%	拌饵料投布	维生素 K_1
氯敌鼠	0.1%	拌饵料投布	维生素 K_1
敌鼠钠	0.1%	拌饵料投布	维生素 K_1
杀鼠隆	0.005%	拌饵料投布	维生素 K_1
毒鼠磷	0.4%	拌饵料投布	阿托品、解磷定

使用化学杀鼠法多在冬春季食物较少时进行，在场外可使用快效杀鼠剂，一次投足剂量；场内可使用慢效杀鼠剂全面投放，逐日检查，对已食完的点应及时添加。对鼠尸应及时收集处理，防止猪只误食后发生二次中毒。参加灭鼠的人员应注意自身保护，防止中毒。规模化猪场应严禁养猫捕鼠。

（五）疫情处理

1. 疫病分类

（1）一类疫病 口蹄疫、猪水疱病、猪瘟、非洲猪瘟、高致病性猪蓝耳病等。

（2）二类疫病 猪繁殖与呼吸综合征（经典猪蓝耳病）、猪乙型脑炎、猪细小病毒病、猪丹毒、猪肺疫、猪链球菌病、猪传染性萎缩性鼻炎、猪支原体肺炎、旋毛虫病、猪囊尾蚴病、猪圆环病毒病、副猪嗜血杆菌病、布鲁氏菌病、弓形虫病、伪狂犬病、魏氏梭菌病、钩端螺旋体病等。

（3）三类疫病 猪传染性胃肠炎、猪流行性感冒、猪副伤寒、猪密螺旋体痢疾、大肠杆菌病、李氏杆菌病、放线菌病、附红细胞体病等。

2. 疫情综合处理

（1）处理的目的

①早报告，早诊断，早处置，早扑灭。

②使相关部门第一时间采取应对措施。

③以最快时间将疫情控制住，将疫情限制在最小范围内，避免事态严重，最大限度减少损失。

④明确相关部门责任及公民的职责，提高全民的防疫意识。

⑤规范疫情报告管理制度，依法处置，依法管理。

⑥有利于维护公共卫生安全，保护人民身体健康。

（2）处理原则及方法

①一类疫病 县级兽医主管部门应当立即上报疫情，在迅

速展开疫情调查基础上由同级人民政府发布封锁令对疫区实行封锁；在疫区内采取彻底的消毒灭原措施；对受威胁区易感动物展开紧急预防免疫接种。

②二类疫病　立即上报疫情，在迅速展开疫情调查的基础上，由同级畜牧兽医主管部门划定疫区和受威胁区；在疫区内采取彻底的消毒灭原措施；对受威胁区内的易感动物展开紧急预防免疫接种。

③三类疫病　发生三类动物传染病时，当地人民政府和畜牧兽医部门应当按照动物疫病预防计划和国务院畜牧兽医行政管理部门的有关规定组织防治和净化。

第二章
呼吸系统疾病

一、猪繁殖与呼吸综合征

猪繁殖与呼吸综合征是近年来国际上新出现的猪的传染病，在呼吸道疾病方面主要引起各种不同年龄猪（尤其是仔猪）出现异常呼吸为特征。由于它来势迅猛已给我国养猪业造成巨大经济损失。该病于1987年美国首次报道，并命名为一种"神秘猪病"。1990年发生于德国，称猪繁殖呼吸道疾病综合征。1991年英国称猪蓝耳病。1991年欧共体兽医会议将其定名为"猪繁殖与呼吸道综合征"。本病除在美国、加拿大等北美国家和德国、荷兰和英国发生外，已传至西班牙、比利时、法国和希腊等一些欧洲国家。近年来澳大利亚、日本和菲律宾也有发生本病的报道。我国郭宝清等于1996年首次在国内的猪群中分离到该病毒，从而确认了该病在我国猪群中的传播。

【病　原】　该病的病原为猪繁殖与呼吸综合征病毒，属于动脉炎病毒属成员，为单股RNA病毒。病毒只能在极少的几种细胞中复制、增殖，并能产生细胞病变，如猪肺泡巨噬细胞和MARC-145细胞等。根据该病毒基因组的差异，该病毒可分为2个基因型，即欧洲型和北美洲型。我国自首次分离到北美洲型CH-1a株以来，流行的基因型主要为北美洲型。2006年下半年，我国发生了高致病性猪繁殖与呼吸综合征。

【流行病学】　本病传播迅速，是一种高度接触性传染病，没有明显季节性，一年四季都可发生。可通过空气传播，也可垂直传播，猪群第一次发病后经过几个月或数年可能出现重复感染。在完全封闭、半封闭和全开放的猪场均可发生。

在自然流行中，本病仅见于猪，其他家畜未见发病。不同年龄、性别和品种的猪均能感染。但不同年龄的猪，其易感性有一定的差异。母猪和仔猪较易感，发病时症状较为严重，其他猪仅见有一种温和的流感样症状。

病猪和带毒猪是本病的主要传染源。母猪感染后明显排毒，其分泌的鼻液和排出的粪便、尿液均含有病毒，耐过猪可长期带毒，并不断地向体外排出。最主要和常见的传播途径是病猪转运和地区内经空气传播。病毒经呼吸道感染，因此，当健康猪与病猪接触，如同圈饲养、频繁调运、高度集中更易导致本病的发生和流行。

病毒主要对肺泡巨噬细胞侵害严重，感染后 7 天，40% 以上的肺泡巨噬细胞被破坏，存活细胞功能下降。14 天淋巴结明显肿胀，主要变化是坏死。

【临床症状】　本病潜伏期长短不一，在自然感染条件下，一般为 14 天，也可能更短。人工感染 6 日龄 SPF 仔猪，潜伏期为 2 天，妊娠母猪为 4～7 天。病程通常持续 3～4 周，少数可长达 6～12 周。感染本病的猪，临床表现不完全一样。然而，其共同点是各种年龄病猪均拒食，出现体温升高、精神沉郁和呼吸困难，耳朵发蓝发紫。仔猪出生后呼吸困难，哺乳仔猪死亡率较高。因年龄不同，临床表现也有较大的差异。

1. 繁殖母猪　母猪感染本病后反复出现食欲不振、高热（40～41℃）、嗜睡、精神沉郁、呼吸加速、呈腹式呼吸，偶可见呕吐和结膜炎。少数母猪（1%～5%）耳朵、乳头、外阴、腹部、尾部和腿发绀，以耳尖最为常见。母猪发病出现繁殖障碍，导致产死胎增加 15%～21%，木乃伊胎增加 5% 以上，妊娠母猪流产率增至 5% 或更多。

2. 仔猪 以 2～28 日龄仔猪感染后症状最为明显，死亡率高，可达 80%。临床症状与日龄有关。早产的仔猪出生当时或几天内死亡。大多数新生仔猪出现呼吸困难（腹式呼吸）、肌肉震颤、后肢麻痹、共济失调、打喷嚏、嗜睡、精神沉郁、食欲不振等症状，病死猪腹部和胯部出血和淤血，哺乳仔猪发病率为 11%，最高达 54%。除上述症状外，吮乳困难，断乳前死亡率可增加到 30%～50%，甚至可达到 100%。存活下来的仔猪体质衰弱、腹泻，对刺激敏感或呆滞，遭受再次感染的概率增加。人工哺喂的仔猪则很少死亡，但常出现继发感染，并产生与呼吸和肠道疾病相关的临床症状。

3. 公猪 表现为咳嗽、喷嚏、精神沉郁、食欲不振、嗜睡、呼吸急促和运动障碍。少数公猪耳朵变色，继发膀胱炎和白细胞数减少。公猪精液质量下降，死精增多，精子密度和活力下降。

4. 育肥猪 发病率仅为 2%，有时达 10%。感染初期出现轻微的呼吸道症状，而后病情加重，除咳嗽、气喘外，普遍出现高热、腹泻、肺炎，还可出现眼肿胀、结膜炎、血小板减少、排血便、两腿外展等症状。

【病理变化】 母猪被毛粗乱，耳、外阴和腹部发绀，真皮内形成色斑、水肿和坏死。母猪可见肺水肿、肾盂肾炎和膀胱炎。仔猪皮下、头部水肿，胸腹腔积液。耐过猪呈多发性浆膜炎、关节炎、非化脓性脑膜炎和心肌炎等病变。但病变主要表现为肺脏出血、水肿和肉变，淋巴结轻度肿大，严重出血，呈蓝紫色；脑膜充血；肾和脾脏偶有出血点。

高致病性猪繁殖与呼吸综合征除了具有以上临床特征和病理变化外，发病情况更严重，病死率更高，主要表现为"三高一低"，即体温高、发病率高、死亡率高和治愈率低。

【诊断】 根据流行特点、临床症状（耳朵发蓝）和病理变化（肺脏和淋巴结病变），可对病情做出初步诊断。确诊需送相

关单位或技术部门实验室诊断。

【防治措施】　猪繁殖与呼吸综合征的控制已是世界养猪业的一大难题，即使猪业科技高度发达的国家，对该病的防控也是一个十分棘手的问题。

1. 预　防

（1）**疫苗免疫**　应根据猪场的病毒感染的实际情况，选择免疫灭活疫苗还是弱毒疫苗或不免疫疫苗。

对于非疫区和病毒为阴性的猪场，如果能够确保没有病毒入侵的，原则上可不免疫疫苗。但为了进一步确保猪群不感染病毒，猪场可选择使用灭活疫苗。免疫程序：母猪一年免疫3次；商品猪可不免疫。

对于疫区和病毒为阳性的猪场，原则上免疫弱毒疫苗为好。免疫程序：种猪一年免疫4次，免疫剂量为1头份/头，商品猪在15日龄免疫，免疫剂量为1头份/头，若压力特别大的猪场，商品猪可在40日龄后再加强免疫1次。

若有发生高致病性病毒，可以选用高致病性病毒疫苗进行免疫。

（2）**综合防控**

①种源控制是预防本病的关键，应坚持自繁自养；

②在种猪引进之前应该进行抗体检测，对于阴性场则应该淘汰抗体为阳性的猪群，对于阳性场则应该引进抗体水平比较均一的种猪；

③做好日常的饲养管理和消毒措施；

④加强免疫抗体监测，及时了解疫苗的免疫效果，确保蓝耳病抗体稳定；

⑤目前市面上疫苗种类繁多，因此养殖户应根据猪场实际情况，科学合理地选择疫苗进行免疫。当然，部分猪场也选择通过定期的药物保健，代替免疫疫苗。猪场是否一定要免疫该病疫苗，目前仍然存在争议。

2. 治疗　目前对本病尚无特异有效的方法，对病猪采取隔离和对症治疗措施以减少损失是有益的，在饲料和饮水中添加抗生素和抗应激的药物，补给电解质。

紧急免疫弱毒疫苗，在此期间，禁止种猪引进和猪只流动。等猪场所在地区的疫情平稳之后，再慎重引种，引进之前必须进行病毒的检测，将隔离观察期适当延长。

由于此时该病毒随时可能侵入，环境控制尤其重要，猪的粪、尿应及时清除，并进行无害化处理。带猪消毒每周应增至3～4次，场区一般每2周消毒1次。严禁在猪场周围放牧牲畜。

二、猪流感

猪流感是由正黏病毒科 A 型流感病毒引起的猪的一种急性、传染性呼吸道疾病。其特征为疾病突发、高热、精神沉郁、食欲废绝、呼吸困难、阵发性咳嗽。猪流感病的病死率不高，病猪可迅速康复。20 世纪 70 年代以前，该病主要流行于美国，其他地方很少有报道发病。直到 1976 年，可能是由于从美国将猪运输到意大利，使得 H1N1 亚型猪流感在欧洲大陆开始广泛流行。70年代后期以来，亚洲的许多国家也有发生猪流感的报道。目前，世界各地流行的病毒主要有 3 种血清型，即经典 H1N1、类禽H1N1 和类人 H3N2 亚型。自 1918 年美国第一次报道猪流感以来，H1N1 亚型猪流感一直在这个国家流行。

【病　原】　猪型流感病毒属于正黏病毒科流感病毒属成员。有囊膜，在囊膜表面有由血凝素和神经氨酸酶两种蛋白构成的纤突。抗原特征是病毒亚型的划分和命名的依据，按神经氨酸酶抗原可分成两个亚型，即 N1 和 N2。根据血凝试验，可分为 3 个血清型。病毒能凝集鸡、小鼠、大鼠、马和人的红细胞。

【流行病学】　流感病毒能感染多种动物，包括人、禽、猪、马、海豹等，B 型和 C 型则主要感染人。一年四季均可发生，但多出现在气温变化较大的时候，如天气骤变的晚秋、早春及寒冷的冬季。潜伏期短，几小时到数天。猪感染流感病毒1～3天后发病，通常在第一头病猪出现后的24小时，猪群中大部分猪同时都被感染而出现症状。病程较短，如无并发症，多数病猪可于6～7天后康复。如有继发性感染，病情则加重。发病率高达100%，死亡率低，通常不到3%，除发生并发感染。病猪和带毒猪是主要传染源。猪流感的主要传播途径是猪只之间鼻对鼻的直接接触，因为在感染的高峰期鼻腔的分泌物大量带毒。空气也是主要的传播途径。

【临床症状】 病猪表现出厌食，体温升高、精神沉郁、衰竭、拥挤在一起，驱赶病猪时不愿走动。有明显的呼吸道症状，呼吸急促，出现张口呼吸和腹式呼吸，咳嗽音似犬叫，鼻腔中流出浆液性或浆液脓性的鼻液，眼结膜潮红。妊娠母猪在后期可因发热而导致流产。此病发病率高（可达100%），病死率低（小于3%），多数死亡是由于并发细菌感染而引发的支气管肺炎。

【病理变化】 肉眼变化是病毒性肺炎，病变多集中在肺的尖叶和心叶，病变组织和正常肺组织之间有明显的界线，病变区为紫色硬结，一些肺叶间质明显水肿，呈紫红色。气管和支气管有白色或乳白色泡沫状黏性分泌物。肺门淋巴结、纵隔淋巴结肿大、充血。当并发细菌感染时，病变更为复杂。

【诊 断】 根据本病的流行病学特点，即在早春、晚秋和气候骤变时发病流行，各种年龄、性别、品种的猪都可感染，很快全群发病，致死率低等；结合临床症状和病理变化可以做出初步诊断。确诊需送相关单位或技术部门实验室诊断。

【防治措施】

1. 预防 目前国内无疫苗可用，预防主要是加强饲养管理。避免猪舍有贼风，提供充足的洁净饮水，饲料中添加保健药物等。

2. 治疗 目前尚无治疗该病的特效药物，主要手段是加强

管理，提供舒适避风、清洁、干燥的环境，提供新鲜洁净的饮水，给予去痰药，进行群体治疗，控制并发症或继发细菌感染可使用抗生素（如强力霉素等）和其他抗菌药。抗病毒药物能够有效地降低热反应和减少病毒排出。另外，猪群感染1周后，也基本会自然康复。

三、猪伪狂犬病

猪伪狂犬病又名狂痒病、猪疱疹病毒病、奥其基氏病、阿捷申氏病。是由伪狂犬病病毒引起的猪和其他动物共患的一种急性传染病。成年猪常为隐性感染，可导致猪群发生呼吸疾病，哺乳仔猪呈脑脊髓炎、败血症和综合症状。

【病　原】　本病的病原为伪狂犬病病毒，属疱疹病毒科甲疱疹病毒亚科猪疱疹病毒属成员。病毒对乙醚敏感，对外界环境的抵抗力很强，当外面有蛋白质保护时的抵抗力更强，于8℃存活46天，24℃存活30天，57℃存活30分钟，低浓度的消毒剂如0.5%石灰乳、0.5%碳酸氢钠、3%来苏儿、5.25%次氯酸钠等可在很短时间内将其杀死。在pH值6～11的环境中稳定，在0.5%苯酚中可抵抗10天之久。日光直射6～8小时可使病毒失活。

【流行病学】　伪狂犬病的发生具有一定的季节性，多发生在寒冷的季节，但其他季节也有发生。在猪场伪狂犬病病毒主要通过已感染猪排毒而传给健康猪。另外，被伪狂犬病病毒污染的工作人员和器具在传播中起着重要的作用。目前，对病毒在猪场之间的传播机制还不十分清楚，如在未引进种猪的养殖场也可能暴发该病，在养猪密集的地区，即使没有猪只的流通，伪狂犬病病毒也能在猪场中间迅速传播。已有许多证据表明，空气传播是病毒扩散的最主要途径，但到底能传播多远还不清楚。人们还发现在邻近有伪狂犬病发生的猪场周围放牧的牛群也能发病。在这种情况下，空气传播是唯一可能的途径。

在猪群中，病毒主要通过鼻分泌物传播，但另据报道经乳汁和精液也是可能的传播方式。正如前所述，空气传播是主要的。既然在妊娠母猪能发生垂直传播，那么流产胎儿、阴道分泌物和胎盘也应是病毒的传染源。尿液和粪便一般不含病毒，但也报道它们是一些毒株的传染源。

通常，猪在感染后2～4周内经口、鼻排毒。持续性排毒的情况也有报道。美国的一项研究表明，康复6个月后的猪群还能检测到病毒，但如此长时间的持续排毒情况一般较少见。

猪在其他动物感染过程中起中心作用。牛、羊经常与猪在同一厩舍吸入含病毒粒子的空气而感染。牛即使与猪不在同一畜舍，也可因空气循环、流通而感染发病。牛也可因工作人员或器械带毒而经过生殖或脐带发生母源性感染；肉食动物经常因吃带毒的猪的组织器官或因靠近感染猪群而感染。

【临床症状】 由易感母猪所生的仔猪被感染后，其死亡率很高。康复或免疫母猪的哺乳仔猪大多可存活。仔猪感染后表现为呼吸困难、发热、大量流涎、厌食、颤抖和抑郁，随后是运动失调、眼球震颤、狂奔性发作等神经症状，病程很短，只有24～48小时。通常发病率在20%～40%，死亡率10%～20%。能够导致不同阶段的母猪返情、不孕、流产、早产和产死胎等繁殖障碍性疾病，导致公猪精子活力下降、精液变少和出现死精等现象。发病期间有的猪群出现体温升高、拒食和精神差等特点，但有时也无任何征兆。

主要是导致10日龄以内的哺乳仔猪体温升高，继而发生顽固性腹泻，小肠出血水肿。断乳猪和肥育猪感染后大约36小时，体温开始上升，出现咳嗽、便秘、厌食、呕吐、尾巴和胁腹微微震颤，继而出现运动失调，肌肉强直、阵发性抽搐、失去平衡、步履蹒跚、伏卧、严重病例昏迷，随后死亡。

【病理变化】 由于病毒的泛嗜性，使病理变化呈现多样性，在诊断上具有参考价值的变化是鼻腔卡他性或化脓出血性炎、扁

桃体水肿并伴以咽炎和喉头水肿、溃疡，勺状软骨和会厌皱襞呈浆液性浸润，并常有纤维素性坏死性假膜覆盖，肺水肿、出血上呼吸道内含有大量泡沫样的水肿液，喉黏膜和浆膜可见点状或斑状出血。肝表面有白色坏死点，淋巴结特别是肠淋巴结和下颌淋巴结充血、肿大，间有出血，心肌松软、心内膜有斑状出血，肾点状出血性炎症变化，尤其在胃底部大面积出血，小肠黏膜充血、水肿、黏膜形成皱褶并有稀薄黏液附着，大肠呈斑块状出血，脑膜充血、水肿，实质有点状出血，病程较长者，心包液、胸腹腔液、脑脊液都明显增多。

【诊　断】　根据本病的流行病学特点，即在早春、晚秋和气候骤变时发病流行，各种年龄、性别、品种的猪都可感染，很快全群发病，致死率低等，结合临床症状和病理变化可以做出初步诊断。确诊需送相关单位或技术部门实验室诊断。

【防治措施】

1. 预防　对猪伪狂犬病的免疫预防有灭活疫苗和弱毒疫苗两种，因为伪狂犬病病毒属于疱疹病毒科，具有终生潜伏感染、长期带毒和散毒的危险性，而且这种潜伏感染随时都有可能被其他应激因素激发而引起疾病暴发。因此，欧洲一些国家规定只能使用灭活疫苗，而严格禁止使用弱毒疫苗。从用户的经济承受能力考虑，可以在育肥用的仔猪使用弱毒疫苗。考虑到病毒的变异和毒力增强问题，灭活疫苗最好是采用从本地发病猪中分离鉴定的毒株，以便具有更好的特异性和针对性。此外，在已发病或检查出伪狂犬病病毒感染阳性的猪场，建议所有的猪应进行免疫。这样有两个好处，一是所有的猪都免疫后减少排毒和散毒的危险，二是在育肥猪群中，成年肥猪感染带毒后，虽然不发病，但可使增重减慢，饲料报酬降低。免疫后可促进生长和增重。

（1）疫苗免疫

①灭活疫苗　种猪（包括公猪），第一次注射后，间隔4～6周后加强免疫1次，以后每4个月注射1次，母猪产前1个月左

右加强免疫 1 次，可获得非常好的免疫效果，可将哺乳仔猪保护到断乳。留作种用的断乳仔猪在断乳时注射 1 次，间隔 4～6 周后，加强免疫 1 次，以后按种猪免疫程序进行。育肥用的断乳仔猪在断乳时注射 1 次，直到出栏。

②弱毒疫苗 种猪第一次注射后，间隔 4 周加强免疫 1 次，以后每隔 4 个月注射 1 次。生长育肥猪可在 50 日龄左右免疫 1 次，直到出栏。对于压力比较大的猪场，对在小猪出生前 3 天可选用滴鼻免疫，40～50 日龄再免疫 1 次。

（2）疫病净化 规模猪场应做好伪狂犬野毒抗体监测，及时淘汰伪狂犬病阳性种猪，做好疫病净化工作。

（3）生物防控 采取严格的灭鼠措施，严格控制犬、猫、鸟类和其他禽类进入猪场，严格控制人员来往和消毒措施及血清学监测等，对本病的防治起到积极的作用。

2. 治疗 本病目前尚无治疗办法，但高免血清被动免疫适用于最初感染猪群中的哺乳仔猪，在临床上可采取经过免疫或发病康复母猪的血液，或分离血清后，给受到严重威胁的仔猪注射，被动免疫预防能收到较好的效果。但对已发病到了晚期的仔猪效果较差。母猪的抗体通过初乳传给仔猪，母源抗体可持续 4～6 周。母体被动免疫虽然可以保护仔猪的致命感染，但不可能完全阻止其临床症状的发生。已感染过伪狂犬病母猪的仔猪发病率为 27%，没有发生感染的母猪的仔猪发病为 100%。

四、猪圆环病毒病

猪圆环病毒病是由猪圆环病毒引起猪先天性震颤、仔猪断乳后全身消耗性综合征的传染性疾病。

猪先天性震颤是一种仔猪中枢神经系统在胎儿期遭受病毒感染，发生功能障碍，出生后立即出现全身或局部肌肉阵发性震颤或痉挛的一种疾病，又称仔猪先天性痉挛症。

　　最初是1854年德国做过疑似本病的报道。从那时起直至20世纪40年代只限于病例的报道和有关治疗资料的评述，50年代开始才有了病理学、流行病学的报道和病因方面的探讨。欧洲一些国家以及澳大利亚、新西兰、北美洲有过本病发生的报道。直至1979年才从患病仔猪的肾或其他器官的细胞培养液中分离到先天性震颤病毒。1982年确定为猪小环状病毒。罗清生等于1962年首次报道了本病在我国的发生。本病现已广泛分布于世界各地。

　　Hines和Lukert（1994），认为该病毒是新生仔猪先天性震颤的病原。加拿大和北爱尔兰的研究人员（Clark等，1997）认为，该病毒与一种仔猪新病，即断乳后全身消耗性综合征有关。

　　【病　原】　圆环病毒科是一类环状单股DNA病毒，是1995年国际病毒分类委员会第九次会议第六次报告中设置的新科。有一个病毒属，即圆环病毒属，代表种为鸡贫血病毒，其他成员为猪圆环病毒和喙羽毛病病毒。圆环病毒属成员的基因组都很小，1.76～2.31千碱基对。DNA是共价闭合，环状，负链单股。病毒正二十面，大小为17～22纳米，是已知动物病毒中最小的。在细胞内复制，无囊膜。可抵抗60℃30分钟处理。这三种病毒之间没有共同抗原决定簇和DNA同源序列。

　　【流行病学】　各品种及其杂交品系的猪对该病均有易感性，各次流行间和同一次流行不同窝次间的病死率很不一致，流行期间的病死率可能为0～25%，同次流行窝间的病死率可从0～100%。在产仔季节，往往是头几窝产的仔猪常表现出严重的症状，以后窝次所产的仔猪则表现症状轻微。在传播方式上仔猪与成年猪似乎有所不同。已经清楚，仔猪是由母猪垂直传染，未见到仔猪间的水平传播。成年猪在自然状态下多为隐性或无症状感染，似乎存在水平传播。公猪在本病的传播上有两种见解：一种是公猪可能为本病毒的储存宿主和（或）传播者，在交配时传给母猪。另一种是公猪在交配时由患病母猪感染，成为病毒的储存者，再与其他母猪交配时传给母猪。公猪是病毒的储存宿主还是传播者，还有待证实。

【临床症状】

1. 传染性先天性震颤　传染性先天性震颤的临床症状变化很大，其震颤为从轻度到重度。每窝仔猪受感染的数变化也很大。在出生后第1周，仔猪可因严重震颤不能吃奶而死亡，1周内未死亡的仔猪可以存活下来，多数在3周时间恢复。震颤为双侧，影响骨骼肌肉，当卧下或睡觉时震颤消失。外界刺激可引发或加重震颤，如突然噪声或寒冷等。有的畜主说有些震颤没有完全恢复，在整个生长和肥育期间都不断发生震颤。病仔猪常为来源于新近引入猪场的青年种猪，这些血清阴性的后备种猪，在妊娠的关键阶段感染了病毒。

2. 断乳全身消耗性综合征　主要影响5～8周龄的保育猪，很少影响哺乳的猪。该病在猪繁殖与呼吸综合征阳性和阴性猪群均被诊断出，但在阳性猪群中为继发感染。临床症状有体重减轻、消瘦、呼吸过速、呼吸困难。一些不常见的症状有下痢、咳嗽和中枢神经系统紊乱。在临床病例中发病率低，但死亡率高。

【病理变化】

先天性震颤：唯一有关先天性震颤的病理学变化为脊髓髓磷脂沉着迟缓。Lamar（1971）报道了感染猪1～13日龄脊髓神经缺乏髓磷脂化。先天性震颤的猪无肉眼变化。在脊髓细胞中未检测到该病抗原，也未从这些组织中分离出病毒。

断乳全身消耗性综合征：Clark（1997）和Daft等（1996）描述了该病的大体组织病变。患猪的尸体营养状况差，表现出不同程度的肌肉消耗，皮肤中度苍白，20%的病例呈黄疸。所有淋巴结出血、肿大3～4倍，切面均质白色。

肺脏弥散性病变，比重增加，坚实或橡皮样，肺表面呈花斑状，灰棕色肺叶与正常的黄到粉红肺叶相间。严重病例，可以观察到黑红或棕色的肺泡出血斑。在肺尖叶和肺中间区经常观察到灰－红萎陷或坚实的区域。

半数病例的肝脏肉眼观察正常，其他病例呈不同程度的花斑状，为轻度到中度的肝萎缩。小叶间结缔组织明显，严重病例的肝小叶，结缔组织非常明显。脾脏增大、坏死，切面呈肉状，无充血。

半数病例的肾脏被膜下呈现可见的白色灶，所有可见病变的肾脏都肿大、白色，有的因水肿可达正常的 5 倍。回肠可出现花斑状区域，结肠黏膜可能充血或出现瘀血斑。

在肺、肾、肝、胰和所有的淋巴结均观察到病理组织学变化，在这些所有组织中最常见的病变为淋巴细胞－组织细胞浸润。肺表现为部分或全部上皮脱落，伴有纤维增生。淋巴样组织或器官表现出 B 细胞滤泡区域减少，T 细胞区域扩大。肾脏可能皮质和髓质萎缩，肾小管间结缔组织水肿，肾小球无明显变化。肝脏出现中度到严重的肝细胞坏死，以及肝细胞肿胀。

【诊　断】　根据流行特点、临床症状和病理变化，可对病情做出初步诊断。确诊必须送到相关检测单位或技术检测部门诊断。

【防治措施】　该病尚无治疗措施。对严重先天性震颤的仔猪，如果饲养员给予哺育饲喂的帮助，将大大提高其存活率。

目前已有多种疫苗可用于预防猪圆环病毒感染。有 PCV2 全部病毒灭活疫苗、亚单位疫苗。哺乳仔猪可在 15 日龄免疫 1 头份，45 日龄再免疫 1 头份。种猪可一年免疫 3 次，每次 1 头份。猪场可根据实际情况，选用合适的疫苗进行免疫。

五、猪　肺　疫

猪肺疫（猪巴氏杆菌病）是由多种杀伤性巴氏杆菌（血清型 A，D）所引起的一种急性传染病，俗称"锁喉风"。最急性型呈败血症变化，咽喉部急性肿胀，高度呼吸困难。急性型呈纤维素性胸膜肺炎症状，均由 Fg（相当于 A 型）引起；慢性型症状不明

显，逐渐消瘦，有时伴发关节炎，多由 Fo 型（相当于 D 型）引起。

本病分布于世界各地，各种畜、禽乃至野生动物都可发病。通常被称为出血性败血症，简称"出败"。

【病　原】　多杀性巴氏杆菌属巴氏杆菌属，两端钝圆，中央微凸的短杆菌，单个存在，无鞭毛，无芽孢，无运动性，产毒株则有明显的荚膜。革兰氏阴性，用美兰或瑞氏染色呈明显的两极着色性。本菌的抵抗力很低，在自然界中生长的时间不长，浅层的土壤中可存活 7～8 天，粪便中可活 14 天。一般消毒药在数分钟内均可将其杀死。

【流行病学】　病猪和带菌猪是主要传染源。病猪由其排泄物、分泌物不断排出有毒力的病菌，污染饲料，饮水、用具及外界环境，经消化道而传染于健康猪，或由咳嗽、喷嚏排出的病原，通过飞沫经呼吸道传染。经吸血昆虫的媒介和损伤皮肤、黏膜也可发生传染。一般无明显的季节性，但以冷热交替、气候剧变、闷热、潮湿、多雨时期发生较多；巴氏杆菌平时可存在于畜禽体内某些部位（如鼻道深处、喉头、扁桃体等处），当畜禽健康状况良好，抵抗力强时，不表现出致病力；而当畜禽处于不利的环境中，如营养不良、寄生虫、长途运输、饲养管理条件不良等诱因作用可发生内源传染。本病一般为散发，有时可呈地方流行性。

【临床症状】　潜伏期 1～5 天，临床上一般分为最急性、急性和慢性 3 型。

最急性型俗称"锁喉风"，呈败血症症状，常突然发病，迅速死亡。晚间食欲正常，次日清晨死于栏内，来不及或看不到症状。发展稍慢的，表现体温升高（41～42℃）、食欲废绝、全身衰弱、卧地不起，或烦躁不安、心跳加快、呼吸高度困难，颈下咽喉红肿、发热、坚硬，严重者向上延及耳根，向后可达胸前。临死前，呼吸极度困难，呈犬坐姿势，伸长头颈呼吸，有时发生喘鸣声，口鼻流出泡沫，可视黏膜发绀，腹侧、耳根和四肢内侧皮肤出现红斑,很快窒息死亡。病程1~2天,病死率100%。

急性型是本病主要和常见的病型。主要表现纤维素性胸膜肺炎症状,败血症较最急性型轻微。病初体温升高(40~41℃),发生短而干的痉挛性咳嗽,呼吸困难,有黏稠性鼻汁,有时混有血液,后变为湿咳,咳时感痛,触诊胸部有剧烈的疼痛。听诊有啰音和摩擦音。初期便秘,后期腹泻。病情严重后,表现呼吸极度困难,呈犬坐姿势,可视黏膜发绀,皮肤有紫斑或小出血点。一般颈部不呈现红肿。心跳加快,心脏衰弱。肌体消瘦无力,卧地不起,多窒息而死。病程4~6天,有的病猪转为慢性。

【病理变化】 最急性病例主要为全身黏膜、浆膜和皮下组织大量出血点,尤以咽喉部及周围结缔组织的出血性浆液浸润为最显著特征。切开颈部皮肤时,可见大量胶冻样淡黄或灰青色纤维素性浆液。水肿可自颈部蔓延至前肢。全身淋巴结出血,切面红色。心外膜和心包膜有小出血点。肺急性水肿。脾有出血,但不肿大。胃肠黏膜有出血性炎症变化。皮肤有红斑。

急性型病例除了全身黏膜、浆膜、实质器官和淋巴结的出血性病变外,特征性的病变有坏死灶,肺小叶间浆液浸润,切面呈大理石纹理。肺脏水肿、常有纤维素性附着物,严重的与胸膜粘连。胸腔及心包积液。胸腔淋巴结肿胀,切面发红。气管内含有多量泡沫黏液,黏膜发炎。

【诊 断】 可根据流行病学、临床症状,病理变化做出初步诊断。确诊需送相关单位或技术部门实验室诊断。

【防治措施】

1. 预防 加强饲养管理,消除应激因素。常发区要做好疫苗接种工作。目前,疫苗有两种类型:一种是口服疫苗,为猪肺疫内蒙古系弱毒苗;另一种是肌内注射疫苗,为猪肺疫EO-630弱毒菌苗。要注意口服苗只能口服而不能用于注射。仔猪55~60日龄初免,如作为种猪以后每半年加强免疫1次(剂量如前或按瓶签说明)。

2. 治疗　猪群发病时应立即采取隔离、消毒、药物治疗等措施。多种抗生素（青霉素、链霉素、四环素类）和磺胺类药均有效，但最好先做药敏试验，筛选最敏感药物治疗。急性型、最急性型病猪有时往往来不及治疗。

六、副猪嗜血杆菌病

猪纤维蛋白性浆膜炎和关节炎为多种嗜血杆菌引起的一种接触性传染病，又称"运输病"或革拉瑟氏病。

【病　原】　猪纤维蛋白浆膜炎与关节炎的病原为副猪嗜血杆菌，属于巴斯德氏菌科嗜血杆菌属。过去很长时间把它称为猪嗜血杆菌（H. Suis），存在于猪的呼吸道和有炎症的浆膜中，为革兰氏阴性小杆菌。呈多形性，从球杆状到长丝状。

【流行病学】　猪纤维蛋白性浆膜炎与关节炎在世界各地均有发生，一般呈散发性，也可成为地方流行性。本病通常侵害2周龄到4月龄的青年猪，主要在断乳期（5～8周龄）发生，病死率可达50％以上。传染源为病猪和无症状的带菌猪。通过空气传播。拥挤、长途运输、天气骤冷都可引起急性暴发。

【临床症状】　症状出现很突然，可能一头或几头先发病，症状维持几天。最初体温升高到40.5～42℃，精神沉郁，食欲不振，最后不食，消瘦。外周循环衰竭。体表皮肤出现紫斑；结膜潮红，呼吸困难。行走缓慢，跛行，常有尖叫，呈犬坐姿势。关节肿胀，发热疼痛，多见于腕关节及跗关节。病猪常出现脑膜脑炎症状。1～2月龄的仔猪呈败血症。

【病理变化】　主要病理变化是纤维素性或浆液纤维素性脑膜炎、胸膜炎、心包炎、腹膜炎和关节炎。组织学病理变化的特点是纤维素性化脓性炎症变化，并有许多嗜中性白细胞和少量单核细胞浸润。

【诊　断】　根据发病情况、临床症状和病料变化可做出初步

诊断。确诊需送相关单位或技术部门实验室诊断。

【防治措施】

1. 预防 预防本病的发生，首先应避免或减少应激因素的发生，如防止饲养环境、气候和运输等的突然改变，使猪尽可能保持安定。加强兽医卫生管理，注意猪舍的消毒，特别是发病猪舍。接种灭活疫苗，也是预防本病暴发的一种有效方法。母猪可在产前1个月左右免疫1次，出生小猪可在15日龄进行首次免疫，1个月后进行二免。

2. 治疗 在临床症状出现后及早治疗，同群猪也应治疗。治疗可用青霉素、氨苄青霉素、四环素和增效磺胺，应注意大剂量用药以保证药物渗透到脑脊髓液及关节中，最好通过药物敏感试验，选用敏感药物进行有针对性治疗。

七、猪链球菌病

猪链球菌病是由多种链球菌感染所引起的疾病。包括猪败血性链球菌病和猪淋巴结脓肿。本病分布很广，美国、英国、日本、法国、印度等20多个国家报道有该病。我国猪链球菌病的发病率较高，以败血症型和脑膜炎型的病死率较高。

【病 原】 病原多为C群的兽疫链球菌和类马链球菌，D群的猪链球菌，以及E、L、S、R等群。链球菌为圆形或卵圆形细胞，常排列成链状。链的长度因种的差别及细菌生长的培养基而不同。一般致病性菌株链较长，非致病性菌株链较短。

【流行病学】 现代规模化密集型养猪，更易发生猪链球菌病。猪群流行本病时，与猪经常接触的牛、犬和禽类不见发病。实验动物中，以家兔最敏感。

病猪和病愈带菌猪是本病自然流行的主要传染源。病猪的鼻液、尿、粪、唾液、血液、肌肉、内脏、肿胀的关节内均可检出病原体。

本病多经呼吸道和消化道感染。病猪与健康猪接触，或由病猪排泄物（尿、粪、唾液等）污染的饲料、饮水以及物体可引起猪群大批发病而造成流行。外伤、阉割或注射消毒不严等也可造成本病的传染和散播。

各种年龄的猪都有易感性。30～50千克架子猪多发，但败血症型和脑膜脑炎型多见于仔猪，化脓性淋巴结炎型多发于中猪。一年四季均可发生，春、秋多发，呈地方流行性。

【临床症状】

1. 败血症型 病猪往往头晚未见任何症状，次晨已死亡；或者停食1～2顿，体温41.5～42℃以上，精神委顿，呼吸困难、便秘、粪干硬，结膜发绀，突然倒地，从口、鼻流出淡红色泡沫样液体，腹下有紫红斑。急性病例，常见精神沉郁，体温41.5～42℃，呈稽留热，食欲减退或不食，眼结膜潮红、流泪，有浆液状鼻汁，呼吸浅表而快。

2. 脑膜脑炎型 多见于哺乳仔猪和断乳后小猪，病初体温升高，40.5～42.5℃，不食、便秘，有浆液性或黏液性鼻液，继而出现神经症状，运动失调，转圈、空嚼、磨牙、仰卧直至后躯麻痹，侧卧于地，四肢做游泳状运动，甚至昏迷不醒。

3. 关节炎型 由前两型转来，或者从发病起即呈关节炎症状，表现一肢或几肢关节肿胀、疼痛，有跛行，甚至不能站立，病程2～3周。

【病理变化】

1. 最急性 口、鼻流出红色泡沫液体，气管、支气管充血，充满带泡沫液体。

2. 急性 皮肤有出血点（胸、耳、腹下部和四肢内侧），皮下组织广泛出血。鼻黏膜紫红色，充血出血。气管充血，充满淡红色泡沫样液体，肺肿大、出血。全身淋巴结肿大出血，其中肺门淋巴结、肝门淋巴结周边出血。脾肿大，是正常的1～3倍，呈暗红色或蓝紫色，柔软、质脆。胃和小肠黏膜有不同程度的充

血和出血。心内膜、心耳有弥漫性出血点。肾肿大，被膜下与切面上可见出血小点。胸腹腔有多量积液，常有纤维素性渗出物。败血型者鼻黏膜充血出血、腹腔积液并有纤维素性渗出物、胆囊壁水肿为常见病理变化。关节肿大、化脓。

【诊　断】　本病的症状和剖检变化比较复杂，容易与多种疾病混淆，注意与败血型、慢性猪丹毒、李氏杆菌病、猪瘟等进行鉴别诊断。确诊需送相关单位或技术部门实验室诊断。

【防治措施】

1. 预防　猪链球菌是一个条件菌，严格做好猪场生物安全工作显得非常重要；另外，要做好猪群全进全出的管理工作，转群或常发阶段提前在饲料或饮水中加广谱抗生素（恩诺沙星可溶性粉、磺胺氯达嗪钠粉）进行预防，连用7天。建议在仔猪断乳前后注射2次，间隔21天。母猪分娩前注射2次，间隔21天，通过母源抗体保护仔猪。猪链球菌血清型较多，菌苗对不同血清型的猪链球菌感染无保护力或交叉保护力弱。目前市面上已存在链球菌的灭活疫苗，可进行临床应用。

2. 治疗　目前较有效的抗菌药为头孢噻呋钠，肌内注射，5毫克/千克体重，连用2天。也有一些菌株对磺胺类药物敏感，肌内注射给药，连用3天。同时可在饲料或饮水中添加敏感抗生素（恩诺沙星可溶性粉、磺胺氯达嗪钠粉等）进行治疗。

八、猪接触性传染性胸膜肺炎

猪接触性传染性胸膜肺炎又称猪胸膜肺炎，是由胸膜肺炎放线杆菌引起的猪呼吸系统的一种严重的接触性传染病。本病以急性出血性纤维素性胸膜肺炎和慢性纤维素性坏死性胸膜肺炎为特征。

【病　原】　本病病原为胸膜肺炎放线杆菌，为革兰氏阴性小球杆状菌或纤细的小杆菌，两极浓染，有荚膜，无运动性，不形成芽孢。有 12 个血清型，不同血清型之间的毒力有差异。我国主要以血清 7 型为主，2、4、5、10 型也存在。本菌抵抗力不强，易被一般消毒药杀灭，但对结晶紫、杆菌肽、林可霉素、大观霉素有一定抵抗力。

【流行病学】 各种年龄的猪均易感。通常以 6 周至 3 月龄的猪较为多发。重症病例多发生于育肥晚期，死亡率 20%～100% 不等，这可能与饲养管理和气候条件有关。

病猪和带菌猪是本病的传染源。猪场或猪群之间的传播，多数由于引进或混入带菌猪、慢性感染猪所致。

本病在 4～5 月份和 9～10 月份多发，具有明显的季节性。饲养环境突然改变、密集饲养、通风不良、气候的突变及长途运输等诱因可引起本病发生，因此又称为"运输病"。

【临床症状】 人工接触传染的潜伏期为 1～7 天或更长。

本病根据病程可分为最急性型、急性型、亚急性型和慢性型。

1. 最急性型 猪突然发病，开始体温 41.5℃，沉郁，不食，短时的轻度腹泻和呕吐，无明显的呼吸系统症状。后期呼吸高度困难，常呈犬坐姿势，张口伸舌，从口鼻流出泡沫样淡血色的分泌物，脉搏增速，心衰，耳、鼻、四肢皮肤呈蓝紫色，在 24～36 小时死亡，个别幼猪死前见不到症状。病死率高达 80%～100%。

2. 急性型 体温 40.5～41℃，呼吸困难、咳嗽、心衰，由于饲养管理及气候条件的影响，病程长短不定，可能转为亚急性型或慢性型。

3. 亚急性和慢性型 体温 39.5～40℃，食欲废绝，不自觉的咳嗽或间歇性咳嗽，生长迟缓，出现一定程度的异常呼吸，这种状态经过几日乃至 1 周，或治愈或症状进一步恶化。

【病理变化】

1. 最急性型 可见患猪流血色鼻液，气管和支气管充满泡沫样血色黏液分泌物。肺泡与间质水肿，淋巴管扩张，肺充血、出血和血管内有纤维素性血栓形成。肺炎病变多发于肺的前下部。

2. 急性型 肺炎多为两侧性，常发生于尖叶、心叶和膈叶的一部分，病灶区呈紫红色，坚实，轮廓清晰，间质积累留血色胶样液体，纤维素性胸膜炎明显。

3. 亚急性型 肺脏可能发现大的干酪性病灶或含有坏死碎屑的空洞。由于继发细菌感染，致使肺炎病灶转变为脓肿，后者常与胸膜发生纤维性粘连。

4. 慢性型 常于膈叶见到大小不等的结节，其周围有较厚的结缔组织环绕，肺胸膜粘连。

【诊 断】 本病发生突然与传播迅速，伴发高热和严重呼吸困难，死亡率高。死后剖检见肺脏和胸膜有特征性的纤维素性坏死性和出血性肺炎、纤维素性胸膜炎，以此可做出初步诊断。确诊需送相关单位或技术部门实验室诊断。

【防治措施】

1. 预防 搞好猪舍的日常环境卫生，加强饲养管理，减少各种应激因素，创造良好的环境。在多发季节提前在饲料或饮水中添加广谱抗生素进行预防。常用的药物包括氟苯尼考、恩诺沙星等，注意交替用药，减少耐药现象。目前虽已研制出胸膜肺炎菌苗，但各血清型之间交叉保护性不强，同型菌株制备的疫苗只能对同型菌株感染有保护作用，猪场可根据本场实际情况选择免疫。

2. 治疗 发生疫情时，应隔离病猪，尽早治疗，注射克林霉素、头孢喹诺、磺胺类药物等均有疗效。有条件的猪场可开展药敏实验，筛选出敏感性药物进行针对性治疗。

九、猪气喘病

猪气喘病是由猪肺炎支原体引起猪的一种接触性传染病，又称猪支原体肺炎。病的特征以咳嗽和气喘为主要临床表现，而体温和食欲无明显改变。病变部位主要在肺部。

本病广泛流行于世界各地，欧、亚、美、非以及大洋洲等主

要养猪国家和地区均有发生。

【病　原】　猪肺炎支原体属于软皮体纲、支原体目、支原体科、支原体属成员。该病原具有多形性，如环状、球状、点状、杆状和两极状等，以环状或短链状比较常见。

该病原对自然环境的抵抗力不强，圈舍、饲槽、管理用具上的支原体一般在 2～3 天即失去活力。1%～2%苛性钠、0.5%福尔马林、1%苯酚和 0.1%升汞均能在 10 分钟内将其杀死。

【流行病学】　猪地方流行性肺炎自然病例仅见于猪，其他家畜、动物和人未见此病。哺乳期和断乳仔猪易感性最强。母猪和成年猪多呈慢性和隐性。土种猪较杂种猪和引进的纯种猪发病率高。

病猪和带毒猪是本病的主要传染源。病原菌混在它们的分泌物中，伴随咳嗽、喷嚏和气喘排出体外，形成气溶胶浮游于空气中，健康猪吸入含有病菌的气溶胶而感染。病原菌在猪体内能存活很长时间，甚至在症状消失后半年到 1 年以上，体内仍带有病菌，并继续向外排出。因此，本病一旦传入猪群，很难清除。

本病一年四季均能发生，虽然没有明显的季节性，然而一般以冬春寒冷季节发生最多，秋季次之，夏季最少发生。饲养管理不当、猪群拥挤、猪舍潮湿、通风不良以及卫生条件差的猪群，发病率高、病情重。

【临床症状】　潜伏期一般为 11～16 天，短的为 5～7 天，最长可达 1 个月以上。

根据本病的病程和临床表现，症状大致可分为急性型、慢性型和隐性型 3 型，而以慢性和隐性的居多。

1. 急性型　病初精神不振，呼吸加快，每分钟可达60～120 次。不愿走动。其后出现腹式呼吸，前两肢张开，呈犬坐姿势。严重时张口气喘，口、鼻流出泡沫。有时听到连续性甚至痉挛性咳嗽。体温一般变化不大，只有少数病例有微热。食欲通常正常，只有当呼吸困难时减退，但很少停食。此型病程短、症状重、病死率高，一般经1～2周，多因窒息而死亡。耐过猪转为慢性。此型常见于新发生本病的猪群。

2. 慢性型 此型病猪多数一开始即取慢性经过，部分为急性型转变而来。最主要的症状是长时期咳嗽，经常是在早晨驱赶、夜间或运动时及进食后发生最多。由轻而重，初为单咳，严重时常出现连续的痉挛性咳嗽。咳嗽时站立不动，背拱起、颈伸直、头下垂，直到呼吸道分泌物咳出或咽下为止。病程进一步发展，则出现呼吸困难。表现为呼吸短促，次数增加和出现腹式呼吸。这些症状常由于饲养管理和气候、环境的改变而时好时坏。育肥猪、杂交猪和后备猪经过改善饲养或在良好的环境条件下，会很快好转并康复。反之，则逐渐消瘦，生长发育迟缓，成为僵猪，尤其是土种猪。此型病程长，大多可拖延2～3个月，甚至长达半年以上。但病死率不高。此型多见于老疫区的猪群。

【病理变化】 病程较长的慢性病例，外观可见发育不良和极度消瘦。剖检时，主要病变见于肺、肺门和纵隔淋巴结。当病处在炎症发展期，全肺膨大，有不同程度的水肿和气肿；炎症消散时，肺小叶间结缔组织增生、硬化，表面下陷，其周围组织膨胀不全。肺的病变部位主要见于心叶、尖叶、中间叶及膈叶的前缘。常呈间质性肺炎病变，两侧肺病变大致对称。病变部界线明显，呈实质变外观，淡灰色似胰脏颜色，呈胶样浸润半透明状态。切面湿润、平滑，肺泡界线不清，像嫩肉样，习惯上称"肉变"。病情加重时可见病变部颜色加深，呈淡紫红色、深紫色或灰白色、灰红色。

【诊　断】 根据流行病学资料、临床表现和病理变化，可做出初步诊断。确诊需送相关单位或技术部门实验室诊断。

【防治措施】

1. 预防 加强饲养管理，全进全出，做好猪场生物安全工作。可用猪气喘病灭活苗进行免疫接种，目前已有加有缓释剂只需注射1针的灭活苗，一般在15～25日龄肌内注射1头份。也

有只需注射1针的弱毒活苗，一般在15日龄胸腔肺内注射1头份。

2. 治疗 病猪可用利高霉素、强力霉素、喹诺酮等药物治疗，有一定的疗效，但不能根治。还可以采用哺乳仔猪早期断乳隔离和在饲料或饮水中添加泰妙菌素、替米考星、恩诺沙星来控制本病的发生。

十、猪传染性萎缩性鼻炎

猪传染性萎缩性鼻炎是一种由支气管败血波氏杆菌和产毒素多杀性巴氏杆菌引起的猪慢性呼吸道传染病。该病是以猪鼻甲骨萎缩、鼻部变形及生长迟滞为主要特征，可使饲料报酬率降低，给集约化养猪造成巨大的经济损失。

【病　原】 产毒多杀性巴氏杆菌是本病的主要病原，该病原菌为球杆菌或小杆菌，呈两极染色，革兰氏染色阴性，散在或成对排列，偶呈短链。此菌的抵抗力不强，常用消毒剂均对其有效。

【流行病学】 不同年龄的猪都有易感性，通常以幼猪的病变最为明显。病猪和带毒猪是本病的传染源，其他带菌动物也能作为传染源使猪感染发病，鼠类可能成为本病的自然宿主。

本病主要经飞沫传播，病猪、带菌猪通过接触经呼吸道将病原传给仔猪。

不同年龄的猪都有易感性，但只有出生后几天至几周的仔猪感染后才能发生鼻甲骨萎缩。较大的猪可能只发生卡他性鼻炎、咽炎和轻度的鼻甲骨萎缩。成年猪感染后看不到症状而成为带菌者。

【临床症状】 发病仔猪打喷嚏、流鼻液，产生不同量的浆液性或黏液性鼻分泌物，最早1周龄，6～8周龄最显著。猪表现不安，到处拱地、奔跑，以后病情逐渐加重，持续3周以上开始发生鼻甲骨萎缩。严重时，打喷嚏可损伤鼻黏膜的血管流出鼻血，往往是单侧性的，可在猪舍墙壁或猪背上看到血迹。

鼻甲骨在发病后 3～4 周开始萎缩，鼻腔阻塞，呼吸困难、急促，可能有明显的脸变形。上腭、上颌骨变短以致出现脸部"上撅"。鼻背上皮肤和皮下组织形成皱褶。主要是一侧骨生长受阻引起。暴发时，由于鼻泪管阻塞，流出的眼泪和灰尘黏在一起，在猪内眼角下皮肤上形成半月形放射状条纹，称为泪斑。

【病理变化】 病变仅限于鼻腔的邻近组织，最有特征的变化是鼻腔的软骨和骨组织的软化和萎缩。进行病理解剖诊断时，可沿两侧第一、第二臼齿间的连线锯成横断面，然后观察鼻甲骨的形状和变化。

【诊　断】 根据流行特点、临床症状和病理变化可做出初步诊断，确诊需送相关单位或技术部门实验室诊断。同时应注意与传染性坏死鼻炎、骨软症、猪传染性鼻炎、猪细胞巨化病毒感染等相鉴别。

【防治措施】

1. 预防　无病猪场实行自繁自养。以含药添加剂饲喂，同时改善环境卫生，消除应激因素，做好定期消毒。疫区的无病场和受威胁场应免疫接种本病的油乳佐剂灭活苗（进口），主要是对公母猪进行免疫。头胎母猪初次免疫要在产前 30～45 天注苗 2 次，每次间隔 15 天，经免母猪产前 30 天注射 1 次即可，感染比较严重的猪场小猪应在 3～4 周龄加强注射 1 次。

2. 治疗　多数菌株对磺胺类药物产生抗药性，对卡那霉素、庆大霉素敏感，可选择为治疗药物。

第三章
消化系统疾病

一、猪　瘟

猪瘟又称猪霍乱，是由猪瘟病毒引起猪的一种急性、热性、接触性传染病。本病的特征为发病急、高热稽留和细小血管壁变性，从而引起泛发性小点状出血、梗死和坏死。传染性强，病死率高。病后期常引起细菌性继发病。

【病　原】　猪瘟的病原体为猪瘟病毒，属于黄病毒科瘟病毒属成员。核酸为单股 RNA，具有感染性。猪瘟病毒对理化因素的抵抗力较强，血液中的病毒在 56℃经 60 分钟，60℃经 10 分钟才能被灭活，病毒对乙醚、氯仿、去脂胆酸盐敏感，能使猪瘟病毒迅速灭活。病毒在 pH 值 5～10 条件下稳定，过酸或过碱均能使病毒灭活，迅速丧失其感染性。

【流行病学】　本病在自然条件下，仅猪（包括野猪）具有较强的易感性。不同品种、年龄和性别的猪均可感染，易感性差别不大。但一般认为优良纯种、改良种以及仔猪易感性较强。

本病的传染源主要是病猪，病后带毒猪、潜伏期带毒猪和隐性感染猪均可成为传染源。屠宰病猪的血液、脏器、肌肉和废料、废水不经灭毒处理，也可大量散播病毒，造成猪瘟的发生和流行。被污染的饲料、饮水、运输工具以及管理人员服装也都可以成为传播本病的媒介。

易感猪主要是经消化道，或经呼吸道黏膜和眼结膜感染，也可经皮肤破伤引起感染。

本病一年四季均可发生，没有明显的季节性，然而受气候条件等因素的影响，以春、秋两季较为严重。易感猪群初次受到猪瘟病毒侵袭时，常引起急性暴发，先是一头或几头猪发病，呈最急性经过，突然死亡。继之病猪不断增加，1～3周达到流行高潮，多数病猪呈急性经过和死亡。此后逐渐趋向低潮，病猪多呈亚急性或转为慢性。

【临床症状】　自然感染猪瘟病毒的猪，潜伏期一般为5～7天，个别的猪可延至21天。人工接种强毒的猪，一般在36～48小时后体温会升高。

根据病程的长短和症状性质，在临床上将其分为最急性、急性、亚急性和慢性4型，但各型之间并无严格的界限。

1. 最急性型　在临床上有两种表现：①在看不到任何症状的情况下，突然死亡，经剖检或实验室检查，才确定其为猪瘟。②突然发病，体温突然升高达41℃以上，并稽留。食欲减退，口渴，精神委顿，嗜卧，乏力。腹下和四肢皮肤发绀和斑点状出血，很快因心力衰竭、气喘和抽搐死亡。

2. 急性型　病初体温可升高达40.5～42℃，一般在41℃左右，发病后4～6天体温达到高峰，稽留7～10天。病猪明显减食或停食，但仍有食欲，喂食时能走向食槽，口渴饮水或稍食后即回窝卧下。精神高度沉郁，常挤卧在一起，或钻入垫草下，震颤。

猪瘟的出血性素质在临床上表现在唇内侧、齿龈、口角、会厌、喉头和阴道等处可视黏膜面上有细小点状出血。腹下、股内外侧、腋下和四肢（特别是两后肢）皮肤，常出现充血和出血斑点，大小不等，有时可融合成较大的斑块。

病猪在高温期出现便秘，排出球状并带有黏液脓血或有假膜碎片的粪块。后期腹泻，粪便恶臭、稀。

3. 亚急性型　症状与急性型病猪相似，但病势较急性型缓和，体温呈不规则的交替上升。病程较长的病例，在腹下、四肢、会阴及耳等处皮肤上常发生点状出血。口腔黏膜发炎、扁桃体肿胀并有溃疡。舌、唇、齿龈有时也可见出血。有些病猪在耳、颈和股内皮肤出现疹块，呈圆形或方形，类似猪丹毒。病猪逐渐消瘦、衰弱、步态不稳，后期乏力，站立困难。常并发肺炎和纤维素性坏死性肠炎，最终多转归死亡。病程 2～4 周，病死率为 60% 以上。康复猪转为慢性。

4. 慢性型　这种猪多见于猪瘟常发的流行地区。主要临床表现为消瘦，贫血，被毛干枯，全身性衰弱。有时有轻热、食欲不振，便秘与腹泻交换出现。有的病猪出现紫斑或坏死痂皮，常见脱毛。病程常拖延 1 个月以上，病死率低，但很难完全恢复。不死的猪长期发育不良，两眼有分泌物，耳尖坏死，常成为僵猪。

近年来，我国一些地区常见一种散发的"温和型猪瘟"或"无名高热"。病猪症状较轻，且不典型，无热或仅出现轻热，体温一般不超过 40℃。很少见有典型猪瘟病猪常见的皮肤、黏膜泛发性出血，眼有脓性分泌物和公猪阴茎包囊积尿等症状。有的病猪耳、尾和四肢末端皮肤坏死，发育停滞。到后期则站立、行走不稳，后肢瘫痪。部分病猪跗关节肿大。从这类病猪分离到的病毒，毒力较弱，但经接种易感猪，连续传几代后，则能导致其毒力的恢复。经酶标记抗体、荧光抗体、交互免疫、中和保护和病原特性鉴定，确认从温和型猪瘟病猪分离的病毒与石门系猪瘟强毒为同一血清型。

近年来还出现一种亚临床型或慢性型或非典型猪瘟，缓慢在猪群中蔓延流行。母猪的主要临床表现为返情，不孕，受胎率下降，产仔率低，以及流产、死产、木乃伊胎及畸形胎等繁殖障碍性疾病。存活仔猪表现为先天性肌阵挛、抽搐，死亡率高。青年仔猪生长缓慢，多成为僵猪。导致公猪精子活力下降、精液变少和出现死精等现象。发病期间有的猪群会出现体温升高、拒食和精神差等特点，但有时也无任何征兆。

【病理变化】 猪瘟的病理变化由于感染病毒的品系、毒力的强弱和机体对病毒抵抗力的大小而有所不同。肉眼所见，以泛发性出血性素质为主。病毒侵入机体后，大量繁殖，使血管内皮受到损害，管壁变薄，通透性增强，血凝系统紊乱，血流凝滞，致使各个器官及各种组织发生小点状出血和淤血斑。以肾脏及淋巴出血最为常见。

1. 最急性型 由于感染病毒的毒力过强，多突然死亡，常见不到病理变化，或偶可在肾脏及心脏的包膜或外膜下，或膀胱黏膜见到1～2个细小点状出血。

2. 急性型 表现为败血型病理变化，血液凝固不良，呈木焦油样。皮肤、黏膜、浆膜和实质器官可见有大小不等的出血变化，一般为细小点状，有的散在，有的密布，以肾及淋巴结出血最为常见。

3. 亚急性型 出血性病理变化较急性型轻，败血性变化病例明显减少。在肾、膀胱及心外膜等处可见细小点状出血，淋巴结大理石样变。回盲端有炎症变化或形成溃疡。脾脏周边有坏死，肺有纤维性和化脓性肺炎变化。胸膜出血，胸腔有纤维素性渗出液。胸下椎骨和肋骨接合处，骺线明显增厚及出血。

4. 慢性型 出血性变化轻微，几乎见不到急性猪瘟那样的典型变化。所见到的变化，往往都是由继发感染引发的。具有症病意义的变化是：①由于磷钙代谢紊乱，在肋软骨结合处（距骺线1～4毫米）有一条污黄色紧密、完全或部分的钙化线，永不消失。②肾小球肾炎变化。

【诊　断】 根据发病情况、流行特点、临床症状和病理变化，可做出初步诊断。确诊需送相关单位或技术部门实验室诊断。

【防治措施】

1. 预防 我国采取广泛和系统的猪瘟弱毒苗预防注射，并结合兽医卫生综合措施，控制了猪瘟的大面积流行。应强化计划免疫，保证猪群的有效免疫水平。

（1）**完善疫苗效价** 我国研制的猪瘟兔化弱毒疫苗株，经国内广泛应用和检验，证明各个品种、性别和不同年龄的猪，均具有良好的安全性和免疫原性。被免疫猪不带毒、不排毒。连续复归猪体不返强，无残余毒力。对妊娠母猪及胚胎和胎儿无不良影响。被公认是一株理想的制苗用弱毒株。因此，如何保证接种猪时的疫苗效价，就是一个至关重要的问题。

（2）**制定合理免疫程序** 目前该病的免疫程序是种猪一年免疫3～4次或产后20天免疫，商品猪在20～25日龄进行首免，60～65日龄进行二免。

2. 治疗 已知猪瘟兔化弱毒疫苗给猪注射后，3～4天即可产生免疫力。根据疫苗的这一特性，在已发生猪瘟疫情的猪群或地区，对假定未感染猪群进行紧急接种，可使一部分猪或大部分获得保护。可逐头测量体温，对正常的和尚未出现症状的猪做紧急接种，常可控制疫情。此外，对疫区周围的猪群，立即一头不漏地注射疫苗，形成安全带，防止疫区扩大和猪瘟蔓延。但应注意对注射针头等的清毒，以防人为传播。

二、猪传染性胃肠炎

猪传染性胃肠炎是由猪传染性胃肠炎病毒引起的一种高度接触性肠道传染病。以引起2周龄以下仔猪呕吐、严重腹泻、脱水和高死亡率（通常100%）为主要特征。虽然不同年龄的猪对本病病毒均易感，但5周龄以上的猪的死亡率很低，较大或成年猪几乎没有死亡。1933年，美国的伊利诺伊州就有本病记载，此后在美国广泛流行。1946年，Doyle等确定本病的病原体为病毒，并做了比较详细的报道。

【病　原】 本病的病原是猪传染性胃肠炎病毒，属于冠状病毒科冠状病毒属的成员。有囊膜，形态多样，呈圆形或椭圆形，为正链RNA。该病毒与犬冠状病毒和猫冠状病毒之间存在抗原交叉关系。犬和猫被认为是该病毒的携带者。病毒存在于发病仔猪的各器官、体液和排泄物中，但以空肠、十二指肠及肠系膜淋巴结中含毒量最高，其滴度为每克组织含 10^6 猪感染剂量，在病的早期，呼吸系统组织及肾的含量也相当高。

【流行病学】 所有的猪均有易感性，但10日龄以内的仔猪发病最严重，而断乳猪、育肥猪和成年猪的症状较轻，大多能自然康复。本病具有明显的季节性，每年12月份至翌年的4月份为发病高峰，夏季很少发病，这可能是由于冬季气候寒冷病毒易于存活和扩散所致。潜伏期很短，为15~18小时，有的可延长至2~3天。传播迅速，数日内可蔓延整个猪场。新疫区几乎所有的猪都发病，10日龄以内的猪死亡率很高，几乎达100%，但断乳猪、育肥猪和成年猪病后取良性经过。在老疫区由于母猪大都具有抗体，所以哺乳仔猪10日龄以内发病率和死亡率均很低，甚至不会发病，而仔猪断乳后切断了补充抗体的来源，重新成为易感猪。病猪和康复猪都是主要的传染源。犬、狐狸和燕八哥能短期带毒，在传播本病方面可能起一定的作用。传播的主要途径是食入被污染的饲料，经消化道传染，也可以通过空气经呼吸道传染。

【临床症状】 仔猪的典型症状是短暂的呕吐和水样腹泻，粪便呈黄色、绿色或白色，常含有未消化的凝乳块，气味恶臭。病猪极度口渴，严重脱水、消瘦，体重迅速减轻。日龄越小，病程越短，发病越严重。10日龄内的乳猪多于2~7天内死亡。随着日龄的增长，病死率逐渐降低。痊愈仔猪生长发育不良。育成猪和成年猪的症状较轻，1日至数日的食欲不振，个别猪有呕吐症状，主要是发生水样腹泻，呈喷射状，排泄物灰色或褐色，体重迅速减轻。成年母猪泌乳减少或停止，病程1周左右，腹泻停止而康复，极少死亡。

【病理变化】 具有特征性的病理变化主要见于小肠。整个小肠肠管扩张，内容物稀薄，呈黄色、泡沫状，肠壁弛缓，缺乏弹性，变薄有透明感，肠黏膜绒毛严重萎缩。25% 病例胃底黏膜潮红充血，并有黏液覆盖，50% 病例见有小点状或斑状出血，胃内容物呈鲜黄色并混有大量乳白色凝乳块，较大猪（14 日龄以上的猪）约 10% 病例可见有溃疡灶，靠近幽门区可见有较大坏死区。

【诊　断】　本病多发生于寒冷季节，不同年龄的猪相继或同时发病，表现水样腹泻和呕吐，10 日龄猪病死率很高，较大的或成年猪经 5～7 天康复，病死仔猪小肠呈卡他性炎症变化，肠绒毛萎缩。确诊需送相关单位或技术部门实验室诊断。

【鉴别诊断】　注意与仔猪白痢、仔猪副伤寒、仔猪低血糖及猪轮状病毒感染等疾病区别。一般来说，这些疾病没有绒毛萎缩现象或很轻微，不像猪传染性胃肠炎那样严重，而且结合发病年龄、治疗试验等也可以区别。

【防治措施】

1. 预防　做好饲养管理和卫生防疫工作，对猪舍、饲槽和用具要经常消毒，尽量减少和防止一切应激因素的影响。

本病可在入冬前 10～11 月份给母猪接种猪传染性胃肠炎弱毒疫苗，通过初乳可使仔猪获得被动免疫。对妊娠母猪产前 20～30 天接种传染行胃肠炎 – 流行性腹泻 – 轮状病毒三联弱毒疫苗，对 3 日龄哺乳仔猪的保护率达 95% 以上，有时也用弱毒苗进行超前免疫。发病严重的猪场，种猪可一年免疫 3 次。

2. 治疗　本病没有特效药物治疗，发病后要及时补水和补盐，给大量的口服补液盐，防止脱水，用肠道抗生素防止继发感染可减少死亡率。口服或注射抗生素和磺胺类药，如庆大霉素、黄连素、诺氟沙星、恩诺沙星、环丙沙星、SMZ、制菌磺等。给新生仔猪口服康复猪的全血或血清，有一定的预防和治疗作用。猪场发生猪传染性胃肠炎时应立即隔离病猪，用 2%～3% 氢氧化钠对猪舍、运动场、用具、车辆等进行全面消毒。严格隔离发病猪，将损失控制在最小范围内。

三、猪流行性腹泻

猪流行性腹泻是由猪流行性腹泻病毒引起的，以腹泻、呕吐和脱水为特征的一种接触性急性肠道传染病。病原特性、流行特点、临床症状和病理变化均与猪传染性胃肠炎极为相似。但应用直接免疫荧光技术和免疫电镜检查，证实两病病原在抗原性上有明显差别。

1971 年首先在英格兰猪群中暴发了一种以急性腹泻为特征的疾病。1978 年英国和比利时证实，引起本病的病原为一种类冠状病毒。1982 年把这种腹泻称为猪流行性腹泻。荷兰、法国、瑞士、德国、匈牙利、保加利亚和日本等国均有发生本病的报道。我国从 20 世纪 80 年代初以来，陆续出现有关本病发生的报告。

【病　原】　猪流行性腹泻的病原为猪流行性腹泻病毒，1995 年国际病毒分类委员会第 6 次会议将猪流行性腹泻病毒正式列为冠状病毒科、冠状病毒属的成员。病毒囊膜上有花瓣状突起，核酸型为 RNA 型，只能在肠上皮组织培养物内生长。本病毒与猪传染性胃肠炎病毒、猪血细胞凝集性脑脊髓炎病毒，新生犊牛腹泻病毒、犬肠道冠状病毒、猫传染性腹膜炎病毒无抗原关系。病毒对外界环境和消毒药抵抗力不强，对乙醚、氯仿等敏感，一般消毒药都可将它杀死。

【流行病学】　病猪是主要传染源，在肠绒毛上皮和肠系膜淋巴结内存在的病毒，随粪便排出，污染周围环境和饲养用具，以散播传染。本病主要经消化道传染，但有人报道本病还可经呼吸道传染，并可由呼吸道分泌物排出病毒。各种年龄猪对病毒都很敏感，都能感染发病。哺乳仔猪、断乳仔猪和育肥猪感染发病率 100%，成年母猪为 15%～90%，有一定的季节性，多发生于冬季，夏季也有发生的报道。我国多在 12 月至翌年 2 月寒冬季节发生流行。

【临床症状】　实验感染猪的潜伏期为 8～24 小时，自然感染则稍长些。病猪首先表现为呕吐，多发生在吮乳或吃食后，吐出的胃内容物呈黄色或深蓝色。随后出现水样腹泻，腹泻物呈灰黄色、灰色，或呈透明水样，顺肛门流出，沾污臀部。表现脱水、眼窝下陷，行走蹒跚，精神沉郁，食欲减退或停食。症状与年龄大小有关，年龄越小，症状越严重。1 周龄以下的新生仔猪在发生腹泻后 3～4 天，常因严重脱水而死亡，平均病死率为 50%，高的可达 100%。断乳猪、育肥猪以及母猪症状较哺乳仔猪为轻，表现为精神不振、厌食，持续腹泻 4～7 天后逐渐恢复正常，少数猪生长发育不良。成年猪常表现为厌食和腹泻，个别猪表现呕吐。

【病理变化】　肉眼可见的病理变化只限于小肠，可见小肠膨胀，肠壁变薄，外观明亮，肠管内有黄色液体或带有气体，胃有凝乳块。肠系膜充血及淋巴结水肿。组织学检查可见小肠绒毛细胞的空泡形成和脱落，肠绒毛萎缩、变短，绒毛高度与隐窝深度比从正常的 7∶1 降为 3∶1。超微结构的变化，主要发生在肠细胞的胞质，可见细胞器减少，产生半透明区，微绒毛终末消失。细胞变得扁平，细胞脱落，进入肠腔。在结肠也可见细胞变化，但未见脱落。

【诊　断】　本病仅根据临床表现和病理变化所见很难做出诊断，特别是与猪传染性胃肠炎不易区别。确诊需送相关单位或技术部门实验室诊断。

【防治措施】

1. 预防　腹泻猪应停喂饲料，尤其是乳清、脱脂乳等液体饲料，以减少由饲料引起腹泻的可能性。对感染病毒的猪应提供充足的饮水，给予易消化的饲料并应开始节食（1/3 量），猪舍保持温暖干燥，可减轻病情和降低死亡率。

阴性猪场应严格禁止从疫区或病猪场引进猪。病毒传入的途径可能为运输卡车、被病毒污染的靴子或其他携带病毒的污染物。因此，进入猪场的猪、饲料、工作人员等应采取严格的检疫防范措施。

建立定期检验和检测制度。无病猪场一旦检出抗体阳性，应尽早免疫接种，预防暴发。

已感染发病的猪场除采取上述措施外，还可暂时改变产仔计划，实行全进全出饲养，直至猪场检疫为阴性。由于粪便中带有大量的该病病毒，所以要做好猪舍和环境的消毒，除对粪便进行无害化处理外，呼吸道分泌物消毒也是不容忽视的重要环节。

在疫苗问世前，该病流行地区对妊娠母猪在分娩前 2 周以病猪的粪便或小肠内容物进行人工感染，对新生小猪有一定的保护。目前，母猪可在产前 20～30 天接种最新上市的传染行胃肠炎 - 流行性腹泻 - 轮状病毒三联弱毒疫苗或传染行胃肠炎 - 流行性腹泻二联弱毒疫苗，也可结合灭活疫苗间隔免疫，或一年免疫 4 次弱毒疫苗。

发现病猪及时隔离。目前对该病并无特效治疗药物，可采用以下方法治疗：

抗生素治疗：部分病猪极易混合或继发感染大肠杆菌病，造成更大的经济损失。在饲料中添加抗生素可防止细菌感染。

中药治疗：可用中草药制剂石乌散。该制剂具有清热解毒，祛寒保暖，化湿止泻的功效，同时配合口服补液盐供猪自由饮水，治愈率较好。

饥饿疗法：一旦发现本病，可立即对病猪采取停食的方法，一般停食 2～3 天。据报道，该法简单有效，是目前最有效的方法之一。

四、猪轮状病毒病

猪轮状病毒病是轮状病毒引起的仔猪、犊牛、羔羊、驹、幼兔及新生婴儿的急性胃肠炎，特征为急性腹泻。本病最早

（1943）在患腹泻的儿童中发现，以后在多种动物的腹泻粪便中分离到病毒。1974年由Flewe等首次提出轮状病毒这个名称，并为1976年的国际病毒命名委员会所采用。本病分布很广，几乎五大洲均有报道，我国已从多种动物和人的粪便中分离到轮状病毒。本病能侵害人类和许多种畜禽，不仅感染率高，有时发病率也相当高，对人类健康和畜牧业的发展都有较大的危害，因此逐渐为人们所关注。

【病　原】　轮状病毒为呼肠弧病毒科、轮状病毒属成员，因其形态像车轮而得名。轮状病毒的分离和体外培养一般比较困难，用胰酶对样品提前处理的活化病毒的感染性，以及在细胞培养的营养液中添加胰酶，有利于病毒的分离培养。各种动物和人的轮状病毒形态相同，其致病性及交互感染有所不同，人的轮状病毒能实验性地感染仔猪，但尚无动物轮状病毒感染人的报道。

【流行病学】　患病的人、畜及隐性感染的带毒猪，都是重要的传染源。病毒存在于肠道，随粪便排出外界，经消化道途径传染易感的人、畜和禽。痊愈动物从粪便中排毒的持续时间尚不清楚。本病的易感宿主很多，犊牛、仔猪、羔羊、狗、幼兔、幼鹿、猴、小鼠、鸡、火鸡、鸭、珍珠鸡和鸽以及儿童均可自然感染而发病。其中以犊牛、仔猪及儿童的轮状病毒病最为常见。轮状病毒有一定的交互感染作用，人的轮状病毒能感染猴、仔猪和羔羊，并引起发病，犊牛和鹿的轮状病毒能感染仔猪。由此可见，轮状病毒可以从人或一种动物传给另一种动物，只要病毒在人或一种动物中持续存在，就有可能造成本病在自然界中长期传播。特别是人轮状病毒，在人群中普遍存在，容易在牛、猪、羊等哺乳动物中传播。轮状病毒能感染不同年龄的人和动物，成人和成年动物一般为隐性感染，儿童和幼龄动物的发病率很高。轮状病毒病传播迅速，多发生于晚冬至早春的寒冷季节。卫生条件不良，致病性大肠杆菌和冠状病毒、慢病毒等合并感染，可使病情加剧，病死率增高。

【临床症状】 自然发病的小猪和实验感染的初生小猪或未吃初乳后的小猪出现的临床症状相似。在感染后 12～24 小时内，一般表现沉郁、食欲不振和不愿活动，以后产生严重腹泻，一般在腹泻后 3～7 日发生死亡，死亡率变化无常。此时小猪脱水严重，体重可丧失 30%，临床症状变化很大，部分取决于小猪日龄。一般说来，普通饲养的小猪，在出生几天之内受到感染，如果断乳或母猪奶中缺少特异性轮状病毒抗体，会出现高死亡率。当用病毒给 0～5 日龄的初生小猪或未吃初乳的小猪接种时，这种情况也会发生，那时死亡率可达 100%。通常 10～21 日龄吃乳的小猪接种时，临床症状是温和的，腹泻 1～2 日后迅速康复，残废率低，无论断乳时是在 2 日龄还是在 3～8 周，轮状病毒所致腹泻的严重性，总是随断乳而增强，此时，死亡率一般为 3%～10%，但可以达到 50%。腹泻物的颜色和稠度可从黄、白到黑色，可以是水泻、半固体状和发酵状，或者在类似乳清的液体上漂浮着絮状物。排泄物的外观取决于所吃的食物，吃奶产生黄色腹泻，而吃固体食物一般是黑色或灰色腹泻。虽然一般说来，越是水泻，脱水越严重，但也并非都如此，特别是断乳后的小猪发生腹泻时。

【病理变化】 病变主要限于消化道，胃弛缓，内充满凝乳块和乳汁。肠壁菲薄，半透明。肠内容物为浆液性或水样，灰黄色或灰黑色。小肠绒毛短缩扁平，肉眼即可看出，如用放大镜或显微镜则更清楚。小肠黏膜的这些变化主要出现在空肠、回肠中。肠系膜淋巴结水肿，胆囊肿大。

【诊　断】 本病发生于寒冷季节，多侵害幼龄动物。突然发生水样腹泻，发病率最高而病死率一般较低，主要病变一般在消化道小肠，根据这些特点，可以做出初步诊断。确诊需送相关单位或技术部门实验室诊断。

【防治措施】 本病无特效治疗药物。哈尔滨兽医研究所已有疫苗供应。由于发病日龄多为 1～10 天的仔猪。主动免疫很难在短时间内产生坚强的免疫力。因此，采用被动免疫是一个方向，免疫母猪、仔猪吃到初乳，产生被动免疫，新生仔猪口服抗血清，也能得到保护。治疗、疫苗及其他防治措施可参考猪传染性胃肠炎和流行性腹泻章节。

五、仔猪黄痢

仔猪黄痢是由大肠杆菌引起、出生后几小时到1周龄仔猪的一种急性高度致死性肠道传染病，以剧烈腹泻、排出黄色或黄白色水样粪便，以及迅速脱水、死亡为特征。

【病　原】　大肠杆菌是革兰氏阴性、中等大小的杆菌，有鞭毛，无芽孢，能运动，但也有无鞭毛不运动的变异株。本菌在麦康凯琼脂培养基上18～24小时后形成红色菌落。能致仔猪黄痢或水肿病的菌株，多数可溶解绵羊红细胞，血琼脂培养基上呈β溶血。

本菌抵抗力中等，各菌株间可能有差异。常用消毒药在数分钟内即可杀死本菌。在潮湿、阴暗而温暖的外界环境中，本菌的存活不超过1个月；在寒冷而干燥的环境中存活较久。各地分离的大肠杆菌菌株对抗菌药物的敏感性差异较大，且易产生耐药性。

【流行病学】　本病发生于初生后1周以内的仔猪，以1～3天最为常见，7天以上很少发病。同窝仔猪中发病率和死亡率较高，耐过的猪须经较长时间才能恢复正常生长。

本病主要经消化道感染。带菌母猪由粪便排出病原菌，散布于外界，污染母猪的乳头和皮肤。仔猪吮乳或舔舐母猪皮肤时，食入感染，下痢的仔猪由粪便排出大量细菌，污染外界环境，通过水、饲料和用具传染于其他母猪，形成新的传染源。

本病没有季节性。在猪场内流行1次之后，一般经久不断，只是发病率和死亡率有所下降，如不采取适当的防治措施，是不

会自行停息的。

【临床症状】 潜伏期短的在出生后 12 小时内发病，一般为 1～3 天，7 天以上的很少。

仔猪出生时体况正常，于 12 小时后，一窝仔猪中突然有 1～2 头表现全身衰弱、很快死亡，以后其他仔猪相继发生腹泻，但不呕吐，粪便呈黄色浆状，含有凝乳小片。捕捉时，在挣扎和叫鸣中，常由肛门喷射出稀粪，迅速消瘦、脱水死亡。

【病理变化】 病死仔猪常因严重脱水而显得干瘦，皮肤皱缩，肛门周围沾有黄色稀粪。胃膨胀，胃内充满酸臭的凝乳块，胃底黏膜潮红，部分病例有出血斑块，表面有多量黏液覆盖。小肠尤其是十二指肠膨胀，肠壁变薄，黏膜和浆膜充血、水肿，肠腔内充满腥臭的黄色、黄白色稀薄内容物，肠内臌气很显著。肠系膜淋巴结充血、肿大，切面多汁。

【诊　断】 根据特征性病理变化和 5 日龄以内的初生仔猪大批发病，排黄色稀粪，就可做出初步诊断；确诊需送相关单位或技术部门实验室诊断。应注意与猪传染性胃肠炎、流行性腹泻、寄生虫性腹泻等疾病鉴别。

【防治措施】

1. 预防　加强饲养管理，改善母猪的饲料质量和搭配，母猪产房应保持清洁干燥，注意消毒。接产时用 0.1% 高锰酸钾擦拭乳头和乳房，并挤掉每个乳头中的少许乳汁，使哺乳猪尽早吃上初乳。现已研制成功了大肠杆菌 $K_{88}ac$-LTB 双价基因工程菌苗，新生猪腹泻大肠杆菌 K_{88}、K_{99} 双价基因工程菌苗，仔猪大肠杆菌腹泻 K_{88}、K_{99}、987P 三价灭活菌苗，MM-3 工程菌苗（含 $K_{88}ac$ 及无毒肠毒素 LT 两种保护性抗原成分）等。

2. 治疗　应全窝给药。由于细菌易产生抗药性，最好两种药物同时应用。有条件的，可以开展细菌分离和药敏实验，筛用敏感药物。常用药有硫酸新霉素、恩诺沙星、环丙沙星、左氧氟沙星、硫酸黏杆菌素等。

六、仔猪白痢

仔猪白痢是由大肠杆菌引起，是 10～30 日龄仔猪多发，以排泄腥臭的灰白色黏稠稀粪为特征。本病的发病率高（约 50%），但死亡率较低。

【流行病学】　本病发生于 10～30 日龄仔猪，以 10～20 日龄最多，也较严重，1 月龄以上的仔猪很少发生。一窝仔猪中发病常有先后，拖延 10 天以上才停止。

本病的发生常与各种应激因素有关，如没有及时给仔猪吃初乳，母猪奶量过多、过少与奶脂过高，母猪饲料突然更换或配方不合理，气候反常，冷热不定，阴雨潮湿，受寒，圈舍污秽等，都可促进本病发生或增加本病的严重性。

【临床症状】　病猪突然发生腹泻，排出浆状、糊状的粪便，灰白或黄白色，具腥臭，体温和食欲无明显改变。病猪逐渐消瘦，发育迟缓，拱背，行动迟缓，皮毛粗糙无光、不洁，病程 3～7 天，多数能自行康复。

【病理变化】　病猪消瘦、脱水、皮肤苍白，肛门及尾根附近黏着灰白色带腥臭味的粪便。主要病变位于胃和小肠前部，胃内有少量凝乳块。胃黏膜充血、出血、水肿性肿胀，表面附有数量不等黏液，一些病例胃内充满气体。肠壁菲薄，灰白半透明，肠黏膜易剥脱，有时可见充血、出血变化，肠内空虚，含大量气体和少量稀薄、黄白色带酸臭味粪便。肠系膜淋巴结肿大。肝脏浑浊肿胀、胆囊膨满，心肌柔软，心冠脂肪胶样萎缩，肾苍白色。

【诊　断】　根据流行特点、临床症状可做出初步诊断；确诊需送相关单位或技术部门实验室诊断。

【防治措施】　预防和治疗参照仔猪黄痢的相关部分。

七、沙门氏菌病

猪沙门氏菌病亦称猪副伤寒，是由沙门氏菌属细菌引起的仔猪的一种传染病。急性型表现为败血症，亚急性型和慢性型以顽固性腹泻和回肠及大肠发生固膜性肠炎为特征。

【病　　原】　沙门氏菌为两端钝圆、中等大小的直杆菌，革兰氏染色阴性，无芽孢，一般无荚膜，都有周鞭毛（鸡白痢沙门氏菌等除外），菌体大小 0.4～0.9 微米×1～3 微米，能运动，多数有菌毛。Salmon 和 Smith 于 1885 年首次由猪分离出猪霍乱沙门氏菌。本菌需氧或兼性厌氧，最适生长温度为 35～37℃，最适 pH 值 6.8～7.8。本菌对营养要求不高，能在普通平板培养基上生长。在 37℃经 24 小时培养，在普通平板上菌落圆形，直径 2～3 微米，光滑、湿润、无色、半透明、边缘整齐。有的沙门氏菌在 S.S 或 D.C 琼脂培养基上形成中心带黑色的菌落，在液体培养基中呈均匀混浊。本菌对干燥、腐败、日光等因素具有一定的抵抗力，在外界环境中可生存数周或数月。在 60℃经 1 小时，70℃经 20 分钟，75℃经 5 分钟死亡。对化学消毒剂的抵抗力不强，常用消毒药均能将其杀死。

【流行病学】

1. 流行特点　人、各种畜禽及许多动物对沙门氏菌属中的许多血清型都有易感性，不分年龄大小均可感染，幼龄的畜禽更为易感。猪多发生于 1～4 月龄的仔猪。传染源主要是病猪和带菌猪。

2. 传播途径　病菌污染饲料和饮水，经消化道感染健康猪。健康猪带菌现象非常普遍，病菌可潜藏于消化道、淋巴组织及胆囊内，当外界不良因素，使动物抵抗力降低时，病菌可变为活动化而发生内源感染。

3. 发病因素　环境污染、潮湿、棚舍拥挤、饲料和饮水供

应不良、长途运输中气候恶劣、疲劳和饥饿、断乳过早等，均可促进本病的发生。在多雨潮湿季节发病较多。一般呈散发性或地方流行性。

【临床症状】　潜伏期由 2 天至数周不等，临床分为急性型和慢性型。

1. 急性型（败血型）　多见于断乳前后的仔猪，临床表现为体温升高至 41～42℃，精神不振，食欲废绝。后期间有下痢，呼吸困难，耳根、后躯及腹下部皮肤有紫红色斑，有的猪出现症状后 24 小时内死亡，但多数病程 2～4 天，病死率很高。

2. 慢性型（结肠炎型）　临床上较多见。与肠型猪瘟的临床表现很相似。表现为体温升高至 40.5～41.5℃，精神不振，食欲减退，寒战，常堆叠在一起，眼有黏性或脓性分泌物，上下眼睑常被黏着，少数发生角膜混浊，严重者发展为溃疡，甚至眼球被腐蚀。病初便秘后下痢，粪便淡黄色或灰绿色，恶臭。混有血液、坏死组织或纤维絮片，有时排几天干粪后下痢，可以反复多次。由于下痢、失水，很快消瘦。有些病猪在病的中、后期皮肤上出现弥漫性湿疹，特别是腹部皮肤，有时可见绿豆大、干涸的浆液性覆盖物，揭开见浅表溃疡。有些病猪发生咳嗽。病程往往拖延 2～3 周或更长，最后衰竭死亡。有时病猪症状逐渐减轻，状似恢复，但以后生长发育不良或经短期又行复发。病死率为25%～50%。

【病理变化】

1. 急性型（败血型）　病死猪的头部、耳朵和腹部等处皮肤出现大面积蓝紫斑，各内脏器官具有一般败血症的共同变化。全身浆膜与黏膜以及各内脏有不同程度的点状出血，全身淋巴结尤其是肠系膜淋巴结及内脏淋巴结肿大，呈浆液状炎症和出血。心包和心内、外膜有小点状出血，有时有浆液性纤维素性心包炎。脾肿大，被膜偶见散在的小点状出血；切面见脾白髓周围可有红晕环绕。肾脏皮质部苍白，偶见有细小出血点或斑点状出血，肾

盂、尿道和膀胱黏膜也常有出血点。肝脏肿大、淤血，在被膜有时见有出血点。许多病例可见肝内有许多针尖大至粟粒大的黄灰色坏死灶和灰白色副伤寒结节。肺脏多半表现淤血和水肿。极重病例，伴有纤维素性肺炎。胃黏膜严重淤血和梗死而呈黑红色，病期超过1周时，黏膜内浅表性糜烂。肠道通常有卡他性肠炎，严重者为出血性肠炎。肠壁淋巴小结普遍增大，并常发生坏死和小溃疡。

2. 慢性型（结肠炎型） 尸体极度消瘦，腹部和末梢部位皮肤出现紫斑，胸腹下和腿内侧皮肤上常有豌豆大或黄豆大的暗红色或黑褐色痘样皮疹，特征性病变主要在大肠、肠系膜淋巴结和肝脏。后段回肠和各段大肠发生固膜炎症。局灶性病变是肠壁淋巴组织坏死基础上发展起来的。集合淋巴小结和孤立淋巴小结明显增大，突出于黏膜表面，随后其中央发生坏死，并逐渐向深部和周围扩展，同时有纤维素渗出，并与坏死肠黏膜凝结为糠麸样的假膜，这种固膜性痂块混杂肠内容物和胆汁而显污秽的黄绿色。肠系膜淋巴结、咽后淋巴结和肝门淋巴结等均明显增大，有时增大几倍；切面呈灰白色脑髓样（脑髓样增生），并常散在灰黄色坏死灶，有的形成有大块的干酪样坏死物。扁桃体多数病例伴有病变，表现肿胀、潮红，隐窝内充满黄灰色坏死物，间或有溃疡，肝脏呈不同程度淤血和变性，突出的是肝实质内有许多针尖大至粟粒大的灰红色和灰白色病灶，从表面和切面观察时，可见一个肝小叶内有时有几个小病灶。脾脏稍肿大，质度变硬，常见散在的坏死灶。

【诊　断】 慢性型病例依据流行病学，临床症状，病理变化，可做出初步诊断。急性病例需进行实验室检查才能确诊。

【鉴别诊断】 慢性猪瘟时大肠的纽扣状溃疡有时与副伤寒肠溃疡非常相似，但其数量较少，呈典型轮层状隆起，中央凹陷，而且肠系膜淋巴结不呈脑髓样增生。肝脏内也无小灶状坏死和副伤寒结节。

【防治措施】

1. 预防　加强饲养管理，消除发病诱因；注射猪副伤寒菌苗，出生后 1 个月以上的哺乳健康仔猪均可使用；采用添加抗生素饲料，如土霉素添加剂，有防病和促进仔猪生长发育作用。

当发现本病时，立即进行隔离、消毒；病死猪应严格执行无害化处理，以防止病菌散播和人的食物中毒。

2. 治疗　治疗应与改善饲养管理同时进行，用药时剂量要足，疗程宜长，一般 5～7 天。

常用抗生素有土霉素、卡那霉素、新霉素等。土霉素每日 50～100 毫克/千克体重，新霉素每日 5～15 毫克/千克体重，混合后分 2～3 次口服，连用 3～5 天后，剂量减半，继续用药 4～7 天。

也可使用磺胺类药物。磺胺甲基异噁唑或磺胺嘧啶每日 20～40 毫克/千克体重，加甲氧苄啶 2～4 毫克/千克体重，混合后分 2 次口服，连用 1 周。或用复方新诺明 70 毫克/千克体重，首次加倍，连用 3～7 天。

八、猪痢疾

猪痢疾又叫猪血痢，是由猪痢疾密螺旋体引起的一种严重的肠道传染病，主要临床症状为严重的黏液性出血性下痢，急性型以出血性下痢为主，亚急性型和慢性型以黏液性腹泻为主。剖检病理特征为大肠黏膜发生卡他性、出血性及坏死性炎症。

【病　原】　结肠菌毛螺旋体得名于猪肠道螺旋体病的组织学表现，螺旋体的一端吸附于结肠上皮，就像毛发覆盖在结肠表面。结肠菌毛样螺旋体具有特征性的螺旋体的形态，外形看起来与小蛇菌属其他种类相似，通常较短（6～10 微米长）和较细（0.25～0.30 微米宽），有较少的表面塑性的鞭毛（每端有 4～7 根），末端尖细。这些区别只能在电镜下看到，但用相差显微镜，

细胞看起来比小蛇菌的其他种类的菌体要细小，结肠菌毛样螺旋体与猪痢疾蛇形螺旋体所需的培养条件相同。该菌可在胰酶水解酪蛋白大豆琼脂上长成具有弱 β 溶血的小条纹菌落。

【流行病学】 此病的流行病学的详细情况目前还没有完全搞清楚，据认为是通过粪便 / 口的途径感染，引进带菌猪很易引起没有免疫力的猪群发病。无猪痢疾的 SPF 猪可以人工感染此病。和以前所发现的猪痢疾蛇形螺旋体一样，这种微生物可以在粪便中存活很长时间。采用培养技术，不同的猪场感染率从 5% 到 37.5%。然而这些数据常受同时使用的抗生素，所检查猪的年龄，培养检查的范围，以及其他粪便中微生物污染程度的影响而抑制了螺旋体的生长。在瑞典，从 8 个有腹泻症状的猪群中，6 个猪群分离到了结肠菌毛样螺旋体；而 11 个没有腹泻症状的猪群只有 1 个分离到结肠菌毛样螺旋体。不同生长阶段的猪都能分离到结肠菌毛样螺旋体，但断乳猪和生长猪感染最多，且发病较严重。尚没有特异性的血清学试验可用于检测感染猪的血清滴度。

猪群中存在多个菌株的现象，有助于解释此病在康复中的猪群或使用抗生素猪群中反复发作的现象。

与猪痢疾蛇形螺旋体不同，结肠菌毛样螺旋体存在于广泛的动物种类中。在所有这些种类的宿主中，都发现了与此病有关的典型症状和病变，其中包括人类。此外，人源结肠菌毛样螺旋体菌株接种到普通猪上时可以引起发病，所以人和猪之间潜在的交叉感染是不能忽视的。该菌株已被发现能在实验感染的小鼠中繁殖，这表明鼠是潜在携带者。

【临床症状】 此病的症状类似于其他形式的结肠炎和早期的猪痢疾。通常见于刚刚断乳后及刚混养在一起的生长期的猪。但也可见于育成猪、妊娠母猪和新引进的种猪上。

最初症状多为腹部塌陷和粪便稀软，粪便黏附于圈舍地板上，黏度逐渐增加且外观闪光。这种情况可能出现于育肥猪。断乳猪和生长期猪通常为水样到黏液性腹泻，颜色绿或棕色，并常

常有黏膜碎片或血斑。腹泻通常有自律性，持续 2～14 天，尽管有的动物在康复或治疗后会复发并出现临床症状。

感染猪表现不健壮，全身沾有粪便，拱背，有时发热，但能继续采食的症状。病猪常伴有肺炎，但通常不引起死亡。

【病理变化】　该病有关的眼观病变限于盲肠和结肠，并可能难以觉察，尤其是在疾病的早期。在出现临床症状后即进行剖检，常可见松弛的、充满液体的盲肠和结肠，肠系膜淋巴结和结肠淋巴结水肿、增大。肠内容物充盈，绿色水样，有时黄色和泡沫样。粪便表面附有黏液表示疾病处于严重的临床期。尽管可能出现温和性的充血，有时伴有溃疡和坏死灶，但在疾病的早期变化可能较少。在疾病的后期，由于炎症的进一步发展，可能导致弥漫性溃疡或黏膜出血性结肠炎，但从来没有猪痢疾病那样严重。黏膜增厚，表面可能出现局部淤血或出血。在慢性病例或病变消退期，出血处被附着性纤维所覆盖，或覆盖坏死物和消化物，像一个锥形的鳞片附着在黏膜的表面。这些附着物可以冲洗下来，去除上清后可得到其沉淀物。

【诊　断】　根据典型的临床症状，无血液和无死亡性的黏液性腹泻，发病前饲料没有用药，发病猪为断乳猪，即可做出推测性诊断。确诊需送相关单位或技术部门实验室诊断。

【防治措施】　治疗和控制大体上采取与猪痢疾相似的措施。现在还没有生产出有效的疫苗。当该病在猪群中流行时，为防止由于新引进无免疫力的猪、变换饲料或其他应激反应而引起突然发病增多的现象，需要在饲料或饮水中定期地给予抗生素，如痢菌净和支原净等药物。同时，可以根据猪场实际情况，对发病猪群适当控料。

九、猪增生性回肠炎

猪增生性回肠炎是由细胞内劳森菌感染引起的一种以回肠和

结肠隐窝内未成熟的肠细胞发生腺瘤样增生为特征的猪常见接触性肠道传染病。在不同的文献中又有不同的名称，比如坏死性肠炎、增生性出血性肠炎、回肠炎、局域性肠炎以及肠腺瘤病等。

【病　原】　细胞内劳森氏菌菌体呈杆状，两端尖或纯圆，革兰氏阴性，抗酸，未发现鞭毛，无运动能力。其培养特性属严格的细胞内寄生，8%氧的存在为最佳培养条件，常规细菌培养技术从未获得成功。本菌在离体环境中可存活1～2周。

【流行病学】

1. 流行特点　主要侵害猪，自然感染潜伏期为8～10天，国外引进品种，特别是大白、长白等品种及其后代易感性较强。各种应激反应如转群、混群、昼夜温差过大、湿度过大、密度过高等；频繁引种；频繁接种疫苗；突然更换抗生素造成菌群失调；猪群内存在免疫抑制性疾病如猪圆环病毒乙型感染、猪繁殖与呼吸综合征；饲喂发霉饲料；猪场同时存在的其他大肠炎的病原如猪痢疾密螺旋体、结肠螺旋体、沙门氏菌等因素可以促发增生性回肠炎。近几年，全国各地有关该病的报道日益增多，该病在我国的规模化猪场的发病率正在逐年上升，而且呈蔓延态势。

2. 传播途径　病猪和带菌猪的粪便是该病的主要传染源，病毒可通过粪便在猪只之间经消化道水平传播。细胞内劳森菌可在鼠体内繁殖，因此啮齿类动物可为疾病的传播媒介，所以灭鼠有利于控制本病的传播。

3. 发病年龄　该病主要发生在断乳仔猪至成年猪，尤其是6～16周龄生长育肥猪易感，发病率在5%～40%不等，死亡率不高，一般为1%～10%，但生长速度明显下降，若引起继发感染，死亡率可高达40%～50%。

【临床症状】　本病的潜伏期为2～3周，体温一般都正常。临床上可分为以下3种类型：

1. 急性型　较为少见，多发于4～12月龄的成年猪，主要表现为血色水样下痢；病程稍长时，排沥青样黑色粪便或血样粪

便并突然死亡；后期转为黄色稀粪，也有突然死亡仅见皮肤苍白而无粪便异常的病例。

2. 慢性型 较为常见，多发于 6～12 周龄的生长猪，10%～15% 的猪只出现临床症状，主要表现为食欲不振或废绝，精神沉郁或昏睡；间歇性下痢，粪便变软、变稀而呈糊样或水样，颜色较深，有时混有血液或坏死组织碎片；病猪消瘦，拱背，有的站立不稳，生长发育不良；病程长者可出现皮肤苍白，如果没有继发感染，有些病例在 4～6 周可康复。

3. 亚临床型 猪体虽然有病原体存在，却无明显的临床症状，也可能发生轻微的下痢，但并未引起人们的注意，生长速度和饲料利用率明显下降。

【病理变化】 本病以小肠及结肠黏膜增厚、坏死或出血为典型特征，有时可见肠道平滑肌显著肿大，小肠内有凝血块，结肠内有血液的粪便。

【诊 断】 该病一般根据流行情况、临床特征（腹泻、粪便稀软、不成形、血便）、特征性病变（小肠及结肠黏膜增厚，坏死或出血）即可做出初步诊断。确诊需送相关单位或技术部门实验室诊断。

【防治措施】 生长育肥阶段和新购入后备猪隔离适应期间应该通过阶段性使用治疗量替米考星或泰妙菌素防治本病。呼美佳饮水，按每 100 毫升对水 40 升，第一周连用 3 天，第二、第三周不用药，第四周连用 2 天。复方替米先锋拌料，每 500 克拌650 千克料，连续 7 天，间隔 2 周，再用 1 次，连续 1 周。抗病毒 I 号粉＋复方替米先锋，按 1∶1 混合后每 500 克拌 500 千克料，连用 7 天。同时也可选用支原净等药物。

维多利 1 瓶＋口服补液盐，以防止脱水，补充营养，提高抵抗力，减轻症状，减少死亡。

病重猪按推荐剂量肌内注射恩诺沙星注射液＋止泻药，每天 1 次，连用 3 天。

十、猪胃溃疡

猪胃溃疡是指胃食道区即食道入口处猪胃底腺区的溃疡。

【病　因】 日粮颗粒太细、低纤维、高能量、维生素 E/ 硒缺乏等，不规则饲喂，酸败脂肪的摄入，突然变换饲料或饲料过冷过热都可引起消化功能紊乱，诱发胃溃疡；环境卫生不良、长途运输、惊恐、拥挤、妊娠、分娩、饥饿等应激条件也能引起神经—体液调节功能紊乱，影响消化。

【临床症状】 发病前可能会发现黑粪，有些猪表现出腹痛的症状，如磨牙、弓腰，经常在吃料时发生呕吐，发病猪的直肠温度经常低于正常值。在一个育成猪群中突然出现一两头猪发病或死亡现象，剖检时胃中的病灶容易观察，可做出一般诊断，也可利用内窥镜判断活猪的胃溃疡。

【防治措施】 对于皮肤黏膜苍白且虚弱的病猪应该与同圈猪隔离，以免受伤害。若饲料粉碎太细要加大粉碎筛片，还可补充维生素 E、硒。对于继发呼吸道疾病的则应采用合适的抗菌药物治疗，可试用氢氧化铝和硅酸镁人用胃药。

应适当增加饲料颗粒大小，提供全价日粮，补充维生素 E、硒，避免酸败脂肪的摄入。改善饲养环境，减少各种应激，降低存栏密度，提倡自由采食等可以减少猪胃溃疡的发生。也可在日粮中添加抗螺旋杆菌感染的药物（如庆大霉素）来预防和治疗猪胃溃疡。

第四章
繁殖系统疾病

一、猪流行性乙型脑炎

乙型脑炎又称流行性乙型脑炎，是由日本乙型脑炎病毒引起的一种人畜共患传染病，母猪表现为流产死胎，公猪发生睾丸炎。乙型脑炎疫区分布在亚洲东部地区的日本、朝鲜、菲律宾、印度尼西亚等国，最早发现于日本，故又称日本脑炎。

【病　原】乙脑病毒属于黄病毒科、黄病毒属。病毒粒子呈球形，有囊膜及囊膜突起，是一种RNA病毒。病毒对外界抵抗力不强，在56℃ 30分钟灭活，在–70℃或冻干可存活数年，在–20℃下保存1年，但毒价降低。对化学药品较敏感，常用消毒药都有良好的抑制和杀灭作用，如2%氢氧化钠、3%来苏儿等，对胰酶、乙醚、氯仿等亦敏感。病毒有血凝活性，能凝集鸡、鸽、鸭及绵羊红细胞。

【流行病学】乙型脑炎流行环节和传播途径有其特征性，目前已知有人、哺乳类、禽鸟类、爬虫类和两栖类动物60余种，均可被感染。乙脑病毒必须依靠吸血雌蚊媒介而进行传播，三带喙库蚊是本病的主要媒介。人、畜发病高峰都在7～9月份，但由于妊娠母猪一般呈隐性感染，病毒经胎盘感染胎儿，对胎儿的致病作用只能在母猪分娩时发现，即初产母猪出现死胎，自7月份开始，一直延续至10月底，公猪睾丸炎的高峰在7、8月间，炎症消退后，病睾萎缩是逐渐进行的，可延至数月或半年以上才终止。妊娠母猪感染后可引起流产死胎，证明乙脑病毒可通过胎盘垂直感染胎儿，各种品种、年龄、性别猪均易感本病。但6月龄以前的猪更易感，病愈之后，不再复发。迄今没有见到临床病例在痊愈后第二次感染发病的报道。

人和家畜感染乙脑病毒后，通常病毒不能突破"血脑屏障"入脑。因此，不出现临床症状，多表现"隐性感染"，本病疫区人畜隐性感染的现象很普遍，从血清抗体流行病学结果看，猪的感染率为90%～100%，30岁以上的成年人在80%以上。

乙脑病毒感染人和猪、牛、马、狗、鸡、鸭、野鸟等动物，动物感染后出现病毒血症可持续3～7天，此时蚊虫吸血即带有病毒，叮咬人和动物后传播。病毒侵入新的动物经血行到各脏器，然后突破"血脑屏障"，在中枢神经系统繁殖，但多数情况下病毒仅停留于内脏，因而不引起神经症状，而是无症状的隐性感染，在蚊虫中三带喙库蚊是主要传播媒介，带病毒的蚊虫终身保毒，具有传染性，能越冬，也能经卵传代，是乙脑病毒的储存宿主。

【临床症状】 母猪、妊娠新母猪感染乙脑病毒后，首先出现病毒血症，但无明显临床症状。当病毒随血流经胎盘侵入胎儿，致胎儿发病，而发生死胎、畸形胎或木乃伊，只有母猪流产或分娩时才发现症状。妊娠母猪感染时主要症状是突发性的流产或早产，流产的胎儿有死胎、木乃伊胎或弱胎，但多为死胎。胎儿大小不等，小的如人的拇指，大的与正常胎儿无多大差别。流产后母猪症状很快减轻，体温和食欲逐渐恢复正常。有的胎儿呈木乃伊化而不能排出体外，长期滞留在子宫内，也有发生胎衣停滞，最终引起母猪发生子宫内膜炎而导致繁殖障碍。

人工感染实验猪潜伏期一般3～4天，肥育猪和仔猪体温突然升高达40～41℃，呈稽留热，可持续几天至十几天，精神不振，食欲不佳，结膜潮红，粪便干燥，如球状，附有黏液，尿深

黄色，有的病例后肢呈轻度麻痹，关节肿大，视力减弱，乱冲乱撞，最后后肢麻痹，倒地而死。

公猪常发生睾丸炎，多为单侧性，少为双侧性的，初期睾丸肿胀，肿胀程度为正常的 0.5～1 倍，触诊有热痛感，数日后炎症消退，个别公猪睾丸逐渐萎缩变硬，性欲减退，并通过精液排出病毒，精液品质下降，失去配种能力而被淘汰。

【病理变化】　流产母猪子宫内膜显著充血、水肿、黏膜表面覆盖多数黏液性分泌物，刮去分泌物可见黏膜糜烂和小点状出血，黏膜下层和肌层水肿，胎盘呈炎性反应。早产仔猪多为死胎，死胎大小不一，小的黑褐色，干缩而硬固；中等大的茶褐色、暗褐色，皮下有出血性胶样浸润，发育到正常大小的死胎，常由于脑水肿而头部肿大，皮下弥散性水肿，腹水增加，肌肉呈熟肉样，各实质器官变性，散在点状出血，血液稀、不凝固，胎膜充血并散在点状出血，脑、脊髓膜出血并散发点状出血。

公猪的睾丸肿大，多为一侧性，或两侧肿大程度不一。阴囊皱襞消失、发亮，鞘膜腔内潴留有大量黄褐色不透明液体。睾丸实质全部或部分充血，切面可见大小不等的黄色坏死灶，周边有出血，特别常见的是楔状或斑点出血和坏死，坏死灶以小叶为单位，也有近十个小叶连片的，面积可达 2 厘米×3 厘米，在一个睾丸中可见 10～30 处坏死灶。慢性病例，可见睾丸萎缩、硬化、睾丸与阴囊粘连，实质大部分结缔组织化。

【诊　断】　根据本病发生有明显的季节性及母猪发生流产、死胎、木乃伊胎，公猪睾丸一侧性肿大，可做出初步诊断。确诊需送相关单位或技术部门实验室诊断。

【防治措施】　按本病流行病学的特点，消灭蚊虫，是消灭乙型脑炎的根本办法。但由于灭蚊技术措施尚不完善，对控制猪乙型脑炎，目前采用疫苗接种可控制并减少猪乙型脑炎的危害。

目前已有猪用乙脑弱毒疫苗，但使用疫苗时应注意以下事项。

（1）疫苗必须在乙脑流行季节前免疫，一般要求 4 月份进行疫苗接种，最迟不超过 5 月中旬，南方一般 3 月份进行。

（2）因有母源抗体干扰，5 月龄以下仔猪注射失效。因此，接种对象必须是 5 月龄以上的种猪，5 月龄以下的猪免疫效果不良，免疫妊娠母猪无不良反应。一般注射 1 次即可。如间隔做第二次注射，可进一步增强免疫效果。

（3）注射部位用酒精或新洁尔灭消毒，忌用碘酊。

（4）灭活疫苗置 2～8℃保存，忌 0℃以下冰冻保存，冻干疫苗除可按灭活疫苗保存外，更适宜 0℃以下低温保存。疫苗打开后应当日用完。

二、猪细小病毒病

猪细小病毒感染是由猪细小病毒引起胚胎和胎儿感染及死亡而母体本身不显症状的一种母猪繁殖障碍性传染病。

【病　原】　本病病原属细小病毒科、细小病毒属。外观呈圆形或六角形，直径 20～28 纳米，20 面体等轴立体对称。无囊膜，基因组为单股线状 DNA。本病毒能凝集豚鼠、大鼠、小鼠、鸡、鹅、猫、猴和人 O 型红细胞，其中以豚鼠的红细胞最好。猪细小病毒在 56℃恒温经 48 小时对病毒的传染性和凝集红细胞能力均无明显的改变。在 70℃经 2 小时处理后仍不失感染力，在 80℃经 5 分钟加热才可使病毒失去凝血活性和感染性。

【流行病学】　除猪对该病易感外，可能有野猪易感，但未发现其他动物感染。本病常见于初产母猪，一般呈地方性（养猪密集地区多数猪群呈地方流行性）或散发。据报道，本病的发生与季节关系密切，多发生在每年 4～10 月份或母猪产仔和交配后的一段时间。一旦发生本病后，可持续多年，病毒主要侵害新生仔猪、胚胎、胚猪。母猪早期妊娠感染时，其胚胎、胚猪死亡率可高达 80%～100%。本病的感染率与动物年龄呈正相关，5～6

月龄阳性率为8%～29%，11～16月龄阳性率可高达80%～100%，在阳性猪群中有30%～50%的猪带毒，猪在感染细小病毒后3～7天开始经粪便排出病毒，1～6天产生病毒血症，以后不规则地进行排毒，污染环境。

目前没有证据表明公猪的生育能力和性欲是否受猪细小病毒的感染而改变。感染本病的母猪、公猪及污染的精液等是本病的主要传染源。本病感染的母猪所产的死胎、活胎、仔猪及子宫内分泌物均含有高滴度的病毒。垂直感染的仔猪至少可带毒9周以上。某些具有免疫耐受性的仔猪可能终身带毒和排毒。被感染公猪的精细胞、精索、附睾、副性腺中都可带毒，在交配时很容易传给易感母猪，急性感染期的分泌物和排泄物，其病毒的感染力可保持几个月，所以病猪污染过的猪舍，在空舍4～5个月后仍可感染猪。

本病可经胎盘垂直感染和交配感染。公猪、育肥猪、母猪主要通过被污染的食物、环境，经呼吸道、消化道感染。另外，鼠类也可机械性地传播本病，出生前后的猪最常见的感染途径分别是胎盘和口鼻。

【临床症状】 仔猪和母猪的急性感染通常都表现为亚临床症状。猪细小病毒感染的主要症状表现为母源性繁殖失能，感染的母猪可能重新发情而不分娩，或只产出少数仔猪，或产生大部分死胎、弱仔及木乃伊胎等。当妊娠中期胎儿死亡，死胎连同其内的胎液均被吸收时，唯一的外表症候是母猪的腹围减少。发生繁殖障碍的母猪除出现流产、死产、弱仔、木乃伊胎及不孕等现象外，大部分无其他明显亚临床症状，个别母猪有体温升高、后躯运动不灵活或瘫痪，关节肿大或体表有圆形肿胀等现象。在一窝仔猪中有木乃伊胎存在时，可使妊娠期和分娩间隔时间延长，这就易造成外表正常的同窝仔猪的死产。

一般妊娠50～60天感染时多出现死产，妊娠70天感染的母猪则常出现流产症状，而妊娠70天以后感染的母猪则多能正

常产仔，但这些仔猪常常有抗体和病毒。此外，本病还可引起产仔瘦小、弱胎、母猪发情不正常、久配不孕等症状。实验感染的新生仔猪可出现呕吐、下痢等症状。

【病理变化】　妊娠初期（1～70天）是猪细小病毒增殖的最佳时期，因为该病毒适于在增殖能力旺盛的，有丝分裂的细胞内繁殖，所以在此阶段一旦为猪细小病毒感染，则病毒集中在胎盘和胎儿中增殖，故胎儿出现死亡、木乃伊化、骨质溶解、腐败、黑化等病理变化，致母猪流产。肉眼可见母猪有轻度子宫内膜炎变化，胎盘部分钙化，胎儿在子宫内有被溶解和被吸收的现象。大多数死胎、死仔或弱仔，皮肤、皮下充血或水肿，胸、腹腔积有淡红或淡黄色渗出液。肝、脾、肾有时肿大脆弱或萎缩发暗。此外，还见到畸形胎儿、干尸化胎儿（木乃伊）及骨质不全的腐败胎儿。

病理组织学变化表现为妊娠母猪黄体萎缩、子宫黏膜上皮和固有层有局灶性或弥漫性单核细胞浸润。死产的胎儿或死产的仔猪取脑做组织学检查，可见非化脓性脑炎变化，血管外膜细胞增生，浆细胞浸润，在血管周围形成细胞性"管套"，主要于大脑灰质、白质、脑软膜、脊髓和脉络丛。肺、肝、肾等的血管周围也可见炎性细胞浸润，还可见间质性肝炎、肾炎和伴有钙化的胎盘炎。

【诊　断】　根据本病发生有明显的季节性及母猪发生流产、死胎、木乃伊胎，公猪睾丸一侧性肿大，这些可做出初步诊断。确诊需送相关单位或技术部门实验室诊断。

【防治措施】　本病目前尚无有效的防治方法，所以无本病的猪场在引进种猪时应进行猪细小病毒的血凝抑制试验。当HI滴度在1∶256以下或阴性时，方准许引进。初产母猪在其配种前可通过人工免疫接种使获得主动免疫。我国也已研制出灭活疫苗，在母猪配种前2个月左右注射可预防本病发生，仔猪母源抗体的持续期可达14～24周，在抗体效价大于1∶80时可抵抗猪

细小病毒的感染。因此在断乳时，将仔猪从污染猪群移到无病污染的地方饲养，可培育出血清阴性猪群，这有利于本病常发区猪场的净化。疫苗免疫可同乙脑同时免疫国产疫苗，2胎以上的母猪可不免疫。

三、猪衣原体病

猪衣原体病又称猪流行性流产、猪衣原体性流产、猪新立克次体性流产、仔猪衣原体性支气管肺炎。它是由鹦鹉热衣原体的某些株系引起的一种慢性接触性传染病，以母猪的流产、死产、弱仔，公猪的睾丸炎、尿道炎、龟头包皮炎，仔猪的支气管肺炎、肠炎、结膜炎、多关节炎、多浆膜炎以及中枢神经系统的病损为其主要特征。常因病原体的毒力、感染途径，猪的年龄、性别、生理状况、环境条件及生态学等不同而发生一种或同时出现几种症候群。

【病　原】猪衣原体是鹦鹉热衣原体的典型成员之一，具有该群微生物的共同特性。猪衣原体很容易适应于鸡胚，初次分离时，继代 2～3 代即可引起规律性死亡。猪衣原体在 100℃ 15 秒被灭活，在 70℃ 5 分钟，56℃ 25 分钟，37℃ 7 天，室温下 10 天失活。紫外线照射 30 秒破坏衣原体，γ 射线对猪衣原体有极强的破坏作用。0.5% 苯酚 30 分钟对衣原体无害，但 24～36 小时可致死。5% 苯酚 3 小时致死。在常规消毒中推荐使用 2% 来苏儿、2% 氢氧化钠或氢氧化钾。1% 盐酸及 75% 酒精溶液。

【流行病学】该病的发生呈地方流行性。病猪和潜伏感染的带菌猪是主要的传染来源，其他罹患衣原体病的家畜、野生动物及鸟禽是否以储存宿主方式感染猪尚无定论。实验感染时，猪流产菌株对妊娠牛羊有致病性，牛、绵羊、山羊及一些鸟源菌株也可引起母猪流产及仔猪肺炎。定居于猪场上的啮齿类及野鸟可能携带病原而作为自然疫源地，时刻构成对猪群的威胁。罹病的动物通过分泌物和排泄物长时间排菌，污染周围的环境。流产的胎猪、胸膜及胎液的危害性极大。母猪还会通过乳汁短期排菌。临床健康的痊愈猪持续带菌排菌，很可能成为衣原体病重新暴发的起因，尤其是将其运送到健康猪群时更是如此，这在制定防治措施时应予认真考虑。

本病的主要传播途径是直接接触，通过消化道及呼吸道受到感染。不同品种、年龄结构的猪群都可以感染，但以妊娠母猪及幼龄仔猪最为敏感。同窝仔猪之间可通过吮吸母乳相互感染，人工感染时，可通过皮肤创口、皮下、肌肉、鼻内、静脉及腹腔内注射感染悬液而获得成功，但往往因菌株毒力、接种剂量及感染途径的不同而症状各异。

本病在许多地方呈暴发性，多在不安全场引入健康敏感猪或安全猪场输入病猪后发生。

本病的常驻性是猪衣原体感染的重要特征。康复猪可长期带菌。在集约化猪场，由于病原体在敏感猪群中频繁继代，菌株的毒力及抗原性会发生变化，感染程度会更高。持续的潜伏感染是本病的重要的流行病学特点。当应激因素导致猪抵抗力下降时，衣原体的潜伏感染会临床化并导致疾病的再次暴发。

【临床症状】　自然感染的潜伏期为 3～15 天，人工感染为 6～60 天。也有更短或长至 1 年以上者。在许多情况下，因呈隐性感染状态而无法确定其潜伏期，感染动物的种类、体况、菌株毒力、传染途径和疾病的类型等都制约着潜伏期的长短。

1. 流产综合征型　敏感母猪罹病的典型病征是流产、早产、死胎及产出无活力的弱仔。早期流产可发生在妊娠的头 2 个月，这样的病例多不易被察觉。大多数母猪流产发生在正产期前几周，母猪无任何先兆，流产前后体温正常，很少出现拒食、沉郁及卧地不起等症状。若为正产，则仔猪部分或全部死亡。也有的母猪在产前 1～2 天抑郁、拒食，昏睡不起，排出胎儿后，全身状况及食欲很快恢复正常。患病母猪常交替产出活仔和死胎，但

活仔初生重小（多为 400～700 克），虚弱，常于产后几小时至 1～2 天内死亡。有的新生仔猪死亡率高达 70%，甚至 90% 以上。初产母猪发病率可达到 40%～90%，二胎以上的经产母猪流产率低，但当种公猪感染本病并从精液排菌时，大批经产母猪群也会发生流产。

公猪多表现为睾丸炎、附睾炎、精囊及其他附属腺体的感染和尿道炎、龟头皮炎，交配时从尿道排出带血的分泌物，精液品质及精子活力下降，精液长时间带菌并感染受配母猪。有的还发生慢性肺炎。

2. 肺炎型　2～4 月龄小猪多发，呈慢性支气管肺炎经过，体温升高，热型不定，精神沉郁，震颤、干咳、呼吸困难，从鼻腔流出浆液性分泌物，虚弱，生长发育明显落后。有些还并发结膜炎，后肢轻瘫。有的还出现神经症状、兴奋、尖叫、突然倒地，四肢做游泳状划动，短时间后恢复如常。病死率为 20%～60%。有些在胎内或早期隐性感染的仔猪，多发育不良，常于2～8 周龄内在一些应激因子的影响下，发生慢性肺炎、多关节炎及散发性脑炎。

3. 角膜结膜炎型　本病多在仔猪及育成猪群中发生。感染后 4～10 天发生急性结膜炎，表现为畏光、流泪，结膜高度充血、潮红，角膜混浊，仔猪发热，食欲减退，精神沉郁。结膜刮片中可以发现包涵体，鸡胚接种从结膜上皮中分离出病原，滴鼻感染小鼠引起肺炎，接种猪可引起角膜结膜炎，并在其涂片中再次发现衣原体。

4. 多关节炎和多浆膜炎型　多数仔猪的多关节炎呈良性经过，表现关节肿痛，对触摸敏感，不同程度的跛行、体温升高、不愿走动等，极少引起死亡。并发多浆膜炎（胸膜炎、腹膜炎、心包炎）的仔猪则病情较重，断乳前后的仔猪多发，表现出委顿、拒食、伏卧、体温升高，以及体腔的渗出性炎症所致的各种临床综合征，病死率较高。

5. 肠道感染型 在猪衣原体病的不安全场，猪群的肠道感染与牛、羊及鸟类一样十分普遍。肠道的潜伏感染时，衣原体可长期随粪便排出，这在病原的扩散上有重要意义。杨宜生等（1990）从武汉地区 7 个发生猪衣原体病的集约型猪场采集新鲜猪粪 71 份，应用鸡胚接种法分离出鹦鹉热衣原体 22 株。

幼龄仔猪患衣原体性胃肠炎时，出现腹泻或恶性腹泻，机体迅速脱水及全身中毒症，除胃肠道外，其他重要的器官都可能受到侵害，从而使 2～3 周龄仔猪的病死率达到 70% 以上。

康复猪及隐性感染猪血清中有特异性 CF 抗体和凝集反应抗体，然而体液抗体不能防止再感染。用分离菌株非口服接种时，于感染后第 5 天就能检出 CF 抗体，接种后 13～15 天，抗体滴度达到高峰，保持 10～20 天后逐渐下降，有诊断意义的抗体水平可维持 14 个月以上。仔猪还可以从初乳获得母源抗体，但其半衰期有多长尚不清楚。

【病理变化】

1. 流产综合征型 流产母猪的病变局限在子宫。子宫内膜充血、水肿，间或有 1～1.5 厘米大小的坏死灶。约半数患病母猪子宫角黏膜上有囊状肿大的腺体，大小如豌豆粒。有的卵巢囊肿，胎衣呈暗红色，表面覆盖一层水样物质，黏膜面有坏死灶，坏死灶周围水肿。流产胎猪和产后 1 天内死亡的新生仔猪，头、胸、肩胛部及会阴部皮下结缔组织水肿。胸部皮下有凝胶样浸润。头顶及四肢有弥漫性出血。胸腔、腹腔中积有红色含纤维蛋白絮片的渗出液。肝呈土黄色、如泥状。脾稍肿大，少数被膜下有点状出血。脑血管充血，脑膜水肿。肺呈紫茄色，水肿、间质增宽。肠浆膜变红。膀胱黏膜有卡他性炎症，膀胱壁水肿、增厚。公猪病变多在生殖器官，睾丸色泽及硬度改变，腹股沟淋巴结肿大 1.5～2 倍，输精管有出血性炎症变化。有的阴茎体坏死，龟头附近的黏膜病变。

2. 肺炎型 肺水肿，表面有大量的出血点或出血斑，肺门

周围有分散的小黑红色斑，尖叶和心叶呈灰色，质地较硬，肺泡膨胀不全，伴有大量渗出液，中性白细胞浸润，有的支气管末端为渗出物所闭塞。纵隔淋巴结水肿，细支气管有大量出血点，有时出现坏死灶。病程稍长者，往往由于继发性感染，肺部病损加剧，出现卡他化脓性支气管肺炎及坏死病灶。

3. 角膜结膜炎型 主要病变为结膜明显充血、水肿，眼睑肿胀，有的波及角膜。

4. 多关节炎及多浆膜炎型 剖检除关节及关节周围组织的变化外，许多猪还同时观察到纤维素性胸膜炎、腹膜炎，严重时体腔有大量含纤维蛋白絮片渗出液，脏器表面有一层纤维蛋白膜覆盖，甚至发生脏器粘连。有的还出现纤维素性心包炎、心包积液、心肌营养不良等。

5. 肠道感染型 肠黏膜呈卡他性炎症，不同程度潮红，肠系膜淋巴结充血、水肿。若伴随体腔炎症，则小肠和结肠浆膜面有灰白色至黄白色纤维蛋白性渗出物覆盖。有的脾稍肿，有点状出血。肝表面有灰白色斑点，质地脆弱。肠黏膜触片中，可见到上皮细胞中的核旁包涵体。

【诊 断】 根据本病发生有明显的季节性及母猪发生流产、死胎、木乃伊胎，公猪睾丸一侧性肿大，可做出初步诊断。确诊需送相关单位或技术部门实验室诊断。

【防治措施】 为防止本病传入，引种应慎重，并按规定严格检疫。补充的猪必须来自无病猪场。不允许猪接触他种动物，尤其是已发生流产、肺炎、多关节炎以及衣原体病的阳性动物群。不允许用未加工和未经无害处理的畜产品及副料喂猪。驱除和消灭猪场中的啮齿动物及鸟类。

阳性猪场应停止与其他畜牧场的业务交流，流产胎儿、胎衣、排出物、污染的垫草应深埋或焚毁，污染场地用5%来苏儿、3%苛性钠、2%氯胺溶液消毒30分钟以上。

繁殖母猪舍要定期消毒，实行单独产仔，建立繁殖及病历档案。产仔前2～3周用消毒药液擦拭体表和四蹄后移入产房。

进行经常性临床检查及定期的血清学监测，及时淘汰处理病猪。

在本病的阳性猪场应使用衣原体灭活疫苗，母猪在配种后1～2个月，以10～20天间隔注射2次。公猪每年注射疫苗2次，仔猪30日龄注射疫苗。

公、母猪配种前1～2周及产前2～3周随饲料给予四环素类制剂，按600～1000克/吨的比例混于饲料中，连用1周。也可注射缓释型制剂，可提高受胎率，增加活仔数及降低新生仔猪的病死率。

新生仔猪肌内注射1%土霉素，1毫升/千克体重连用5天，每日1次。从10日龄开始随饲料给予四环素类药物，直到体重达到25千克为止。仔猪断乳或患病时，肌内注射含5%葡萄糖的5%土霉素溶液，1毫升/5千克体重连续5天。

四、猪布鲁氏菌病

布鲁氏菌病简称布病，是由布鲁氏菌属细菌引起的急性或慢性的人兽共患传染病。该病的特征：妊娠子宫和胎膜发生化脓性炎、睾丸炎、巨噬细胞系统增生与肉芽肿形成。

【病　原】　布鲁氏菌初次分离培养时，多呈球杆状，次代培养，牛、猪布鲁氏菌逐渐转变成小杆状，羊布鲁氏菌则不变，宽0.5～0.7微米，长0.6～1.5微米，散在，无芽孢及鞭毛，个别菌株可产生荚膜。能被常用的碱性染料着色，但对某些染料具有迟染的特点，以此原理设计的沙黄—孔雀绿（或碱性美蓝）染色法，本菌染成红色，其他细菌及组织细胞染成绿色（蓝色）。革兰氏阴性。

【流行病学】　本菌可感染多种动物，家畜中以牛、猪、山羊、绵羊易感性较高，其他动物如水牛、牦牛、羚羊、鹿、骆

驼、猫、狼、犬、马、野兔、鸡、鸭及一些啮齿类等都可以自然感染。实验动物中，以小鼠、豚鼠、鸽和幼猫最易感，家兔次之。

传染源是病畜和带菌动物。尤其是受感染的妊娠母畜。病原菌可随感染动物的精液、乳汁、脓液，特别是流产胎儿、胎衣、羊水以及子宫渗出物等排出体外，通过污染饮水、饲料、用具和草场的媒介而造成动物感染。

本病主要是通过消化道感染，也可通过结膜、阴道、损伤或未损伤的皮肤感染。

本病一般为散发，接近性成熟年龄的动物较易感。母畜感染后一般只发生 1 次流产，流产 2 次的少见。

【临床症状】 母猪流产，多发生在妊娠后 4～12 周，有的在妊娠后 2～3 周即流产，也有的在接近妊娠期满，即早产。早期流产常不易发现，因母猪常将胎儿连同胎衣吃掉。流产前常表现精神沉郁，阴唇和乳房肿胀，有时阴道流出黏性或黏液脓性分泌物。体温升高，食欲减退，流产后很少发生胎衣滞留，阴道流出黏性红色分泌物，一般产后 8～10 天可以自愈。少数情况因胎衣滞留，引起子宫炎和不育。公猪常见睾丸炎和附睾炎，较少见的症状还有皮下脓肿、关节炎或腱鞘炎等。

【病理变化】 子宫不管妊娠与否常有明显的病变。可视黏膜上散在分布着很多淡黄色的小结节，其直径多半在 2～3 毫米，大的可达 5 毫米。结节质地硬实，切开有少量干酪样物质可从中压挤出来。小结节多时可相互融合形成不规则的斑块，从而使子宫壁增厚和内腔狭窄，通常称其为粟粒性子宫布鲁氏菌病。

输卵管也有类似的结节性病变，有的可引起输卵管阻塞。在子宫阔韧带上有时见散在一些扁平、红色、不规则形的小肉芽肿。

流产或正产时胎儿的状态多不相同，即有的已干尸化，有的死亡不久，有的是弱仔猪，可能还有正常的仔猪，这是由于猪的各个胎衣互不相连、胎儿受感染的程度和死亡时间不同所致。妊娠子宫在粟粒性子宫内膜炎的基础上发展为弥漫性卡他性子宫内

膜炎，内膜充血、出血和水肿，表面有少量奶油状卡他性渗出物，胎儿胎盘也呈现充出血和水肿，表面有一薄层淡黄色或淡褐色黏液脓性渗出物。胎儿皮下水肿，在脐周围尤其明显，并由此渗入体腔。水肿液常被血液染成红色。胃内容物可能呈正常或者呈黏稠、浑浊、淡黄色，并含有像凝乳状的小絮片。公猪布鲁氏菌性的睾丸炎结节中心为坏死灶，外围有一上皮样细胞区和浸润有白细胞的结缔组织包囊。附睾通常也有同样的病变，有些病例鞘膜发生纤维素性化脓性炎症。

由猪布鲁氏菌引起的关节病变较常见，主要侵害四肢大的复合关节。病变开始呈滑膜炎，进而发展为化脓性或纤维素性化脓性关节炎。猪布鲁氏菌还可引起椎骨（多见于腰椎）的骨髓炎和骨的病变，后者表现为具有中央坏死灶的增生性结节，有的坏死灶可发生脓性液化，化脓性炎症的蔓延可能引起化脓性脊髓炎或椎旁脓肿。

淋巴结、肝、脾、乳腺、肾等也可发生布鲁氏菌性结节性病变。

【诊　断】　根据流行病学、临床症状、病理变化，对本病只能做出初步诊断，确诊需送相关单位或技术部门实验室诊断。

【防治措施】

（1）定期检疫：猪在5月龄以上检疫为宜，疫区内接种过菌苗的应在免疫后12～36个月时检疫。疫区检疫每年至少进行两次。检出的病猪，应一律屠宰做无害化处理。

（2）培育健康畜群：仔猪在断乳后即隔离饲养，2月龄及4月龄各检验1次，如全为阴性即可视为健康仔猪。

（3）该病尚无特效疗法，一般采用淘汰病猪来防止本病的流行和扩散。

（4）流产胎儿、胎衣、粪便等深埋或生物热发酵处理。病猪的肉应按肉品卫生检验法处理，应彻底消毒污染场地、畜舍、用具等。

（5）对疫区进行隔离，尽量减少病畜数量，限制流动。如检出病畜过多，可以隔离饲养。专人管理，并有兽医监督。防止人和其他动物感染。

（6）有计划地进行疫苗接种，不过只能保护健康猪不受感染，并不能制止病猪排菌。最好的办法是采用淘汰病猪和菌苗接种相结合。不受布病威胁和已控制的地区，主张不接种菌苗或不继续接种菌苗。猪主要应用猪二号菌苗（S_2菌苗），断乳后任何年龄的动物，妊娠与非妊娠动物均可应用（妊娠动物不能用注射法）。可采用口服、皮下注射、肌内注射及气雾等多种方法接种。有效期暂定1年。

五、猪肠病毒感染（死木胎症候群）

猪肠病毒感染是由猪肠病毒引起的一种以死木胎症候群为主的临床表现多种多样的传染病。所谓死木胎症候群是指死产、木乃伊胎、死胎和不孕症以及新生胎儿畸形和水肿。此外，因感染毒株血清型的不同，也可引起肺炎、心肌炎和心包炎、腹泻和脑脊髓炎等多种症状。

本病广泛分布于自然界，遍及各个养猪国家。欧美某些国家已将本病作为猪繁殖障碍病的病因之一。

【病　原】　猪肠病毒、属小核糖核酸病毒科、肠病毒属。病毒粒子直径22～30纳米，呈圆形，无囊膜，核心为单股RNA。本病毒共有11个血清型，不同血清型的毒株，其致病性也不同，见表4-1。第10和第11血清型的致病性还不清楚。

表 4-1　猪肠病毒不同血清型毒株的致病性

血清型	所致疾病	血清型	所致疾病
1、3、6、8	繁殖障碍	1、2、3、5、8	腹　泻
1、2、3、8	肺　炎	1、2、3、5	脑脊髓炎
2、3	心肌炎和心包炎		

【流行病学】 猪是猪肠病毒的唯一宿主，不同年龄的猪均有易感性，以幼龄易感性强。病猪、康复猪和隐性感染猪是本病的主要传染源。多为散发，在大型养猪场可表现为地方流行性。本病毒感染猪后，大量病毒可持续地随粪便排出体外，污染饲料、饮水，猪吃后经消化道或呼吸道遭到感染，也可通过眼结膜和生殖黏膜感染。妊娠母猪带毒期约 3 个月，可经胎盘感染胎儿。未妊娠母猪感染后，带毒期也可达 2 个月。在同一个猪群中经常存在几个血清型毒株，任何年龄猪在感染某一血清型毒株后，常可再感染其他血清型毒株。所以常可见到在猪群中有几种血清型猪肠病毒病呈地方流行性感染。在亚临床感染的猪群中，在新引进的或未接触过本病的妊娠母猪可表现出生殖紊乱。

【临床症状】 本病临床表现多种多样，但以死木胎症候群为主，可见有如下多种病型。

1. 母猪繁殖障碍型 母猪发生繁殖障碍可表现为不孕、死产、产木乃伊胎和死胎等。在妊娠前期（15 日胎龄前）感染时，感染的胚胎死亡后被吸收，导致产仔数少；中期（30 日胎龄前后）胎儿死亡率可达 20%～50%；后期（45 日胎龄以后）胎儿死亡率为 20%～40%，死亡率的大小多与感染毒株的血清型有关。在妊娠中后期感染，产出的仔猪、死亡的胎儿呈现腐败、木乃伊胎或新鲜的尸体，有一部分畸形和水肿。存活的仔猪表现虚弱，常在出生后几天内死亡。经产母猪常不表现任何症状。而未妊娠母猪感染后，可获得免疫力，以后可正常妊娠生产。

2. 肺炎型 猪肠道病毒在肠管内增殖时能促进其他病原微生物繁殖，诱发肺炎。临床表现出呼吸加快、咳嗽、精神不振、食欲减退等症状。

3. 心肌炎和心包炎型 用从心包液中分离出血清型相同的病毒，实验感染猪可引起心包炎。

4. 脑脊髓炎型 1、2、3、5 型毒株均可引起脑脊髓炎，然而，不同型毒株的致病性有着明显的差异，1 型毒株引起的脑脊髓炎病死率高，而其他各型病死率低，且多呈散发。

5. 腹泻型 当机体功能下降时感染，或因感染病毒后，促使肠道中的常在菌或其他病原微生物的病原性增强时，可引起轻微的腹泻。

【病理变化】 剖检死亡胎儿可见皮下和大肠等肠系膜水肿，胸腔和心包积液。脑膜和肾皮质可见小点出血。组织学检查可见脑、脊髓血管周围水肿、出血和淋巴细胞浸润，延脑髓质中枢神经胶质细胞增生。死于本病的猪有的可见肺的心叶、尖叶及中间叶有灰色实变区，肺泡及支气管内有渗出液。严重的心肌坏死和浆液性纤维素性心包炎病变。有的虽然是死于本病，但无可见的特征性病变。

【诊　断】 猪群中母猪发生繁殖障碍，而且病猪临床表现多种多样，可疑为本病。确诊需送相关单位或技术部门实验室诊断。

【防治措施】 本病目前尚无有效治疗方法和疫苗用于预防。除应严格按兽医卫生要求加强饲养管理外，重点应放在培育健康猪群上。

第五章

寄生虫疾病

一、猪弓形虫病

弓形虫又称弓形体，是细胞内寄生虫，也是人畜共患病弓形虫病的病原，世界各地都有广泛分布。弓形虫于1900年被Laveran在麻雀体内观察到可疑虫体。在我国，于恩庶于1954—1955年首次从家兔、猫和豚鼠等体内分离到弓形虫。猪弓形虫病最早由美国Farrel（1952）报道，继而Cole（1954）和Sange（1955）也证实了猪的弓形虫病。弓形虫对家畜的危害很严重，许多畜禽如猪、牛、猫、犬、羊、马、家兔、鸡、鸭等都可感染弓形虫而出现病症，其中以猪的感染率较高。猫作为弓形虫的终末宿主，可产生并排出抵抗力最强的卵囊，是人和其他动物直接和间接传染的最重要传染源，猪肉也是人类感染弓形虫病的重要途径。猪弓形虫病可导致母猪流产、弱胎和死胎；患病仔猪高热、消瘦，同时与其他疾病混合感染暴发流行时会导致育肥猪大量死亡，造成一定的经济损失。

【病　原】　弓形虫属于原生动物门、弓形虫科、弓形虫属。弓形虫的整个生活史需要两个宿主，中间宿主和终末宿主。猫科动物是终末宿主，弓形虫可在肠上皮细胞内进行无性和有性生殖，哺乳类、鸟类和人都可以作为弓形虫的中间宿主，猫也可作中间宿主，除红细胞外，任何有核细胞都可以侵犯。弓形虫生活

史有五种不同的形态：即速殖子在假包囊内或外；缓殖子在组织包囊；子孢子在卵巢内；裂殖体包含裂殖子；配子体分雌（大）配子和雄（小）配子。

【流行病学】　人、畜、禽和多种野生动物对弓形虫都具有易感性，其中包括200余种哺乳动物，70种鸟类，5种变温动物和一些节肢动物。在家畜中，对猪和羊的危害最大，尤其是猪，不同品种、年龄、性别都可发生猪弓形虫病，没有明显的季节性。

猪感染弓形虫可通过以下几个途径：①通过胎盘、子宫、产道和初乳感染；②通过采食被弓形虫包囊、卵囊污染的饲料、饮水或捕食患弓形虫病的鼠雀等感染；③通过猪呼吸道和皮肤伤口等感染。猪大多是隐性感染，有外界应激时可诱发本病。大多数动物都是带虫免疫，初次感染需要2～3周后才能产生抗体，但宿主的免疫器官或免疫系统受损时，体内休眠状态的虫体活化，迅速繁殖出现传播性感染，猪只出现死亡。

【临床症状】　大多为隐性感染，被感染猪症状不大明显，母猪一旦出现感染，往往发生流产或死胎。急性发病猪会呈现和猪瘟极相似的症状，体温升高达40.5～42℃，呈稽留热，食欲减退或废绝，有的下痢、有的出现便秘，眼结膜充血，呼吸困难，呈明显腹式呼吸，后肢无力、倒地不起，体温下降死亡。慢性发病猪，表面看不到症状，部分食欲不振，间歇性下痢，后躯麻痹，变成"僵猪"。也能导致猪群出现繁殖障碍。

【病理变化】　剖检可见全身淋巴结肿大，有出血点和坏死点；胸腹腔有黄色透明积液，心包积液，肺水肿，间质增宽，有胶冻样物质渗出；肝脏肿大，出现灰白色坏死灶，肾肿大，呈弥漫性出血，肠黏膜有出血点。

【诊　断】　根据猪弓形虫病的流行特点、临床症状、病理变化加上磺胺类有效抗生素无效可作为初步诊断。确诊需送相关单位或技术部门实验室诊断。

猪弓形虫病临床表现主要以高热、呼吸及神经症状，妊娠母猪流产、死胎为主要特征，应注意与猪瘟、猪丹毒、猪链球菌病、猪附红细胞体病鉴别诊断。猪弓形虫病临床上与猪瘟极其相似，都有稽留高热和体表广泛性出血等特征，可根据剖检观察肝脏是否有无灰白色坏死灶，肺脏有无间质增宽等来区分，以免误诊，若要确诊，还需采用实验室诊断方法。

【防治措施】

1. 预防　弓形虫病是一种人畜共患原虫病，可经多途径引起人类、猪、牛、羊、犬、猫等多种动物感染，规模化养猪场要做好灭鼠工作，禁止饲养猫、犬等宠物。可参照猪蛔虫病的防治。猪弓形虫病的根本防治手段还是研制有效、方便使用的疫苗，但目前还没有完善的商品化疫苗可以使用，因此临床上要以预防为主，积极做好猪舍卫生，避免接触到有污染弓形虫的水、饲料、用具等，从源头上阻断弓形虫病的感染发病。一旦检出弓形虫阳性猪应隔离饲养或淘汰处理，消灭传染源。对弓形虫病死猪要进行无害化处理，严防二次感染。

2. 治疗　磺胺类药对弓形虫病后期包囊型虫体无效，因此治疗应趁早且疗程足。

病猪用磺胺间甲氧嘧啶钠按 0.1 克／千克体重，肌内注射，首次用量加倍，早晚各 1 次。猪料中添加磺胺间甲氧嘧啶钠和 TMP，连续饲喂 7 天，饮水中添加电解多维自由饮水。

二、猪蛔虫病

猪蛔虫病是由猪蛔虫感染引起的寄生虫病，感染普遍，分布范围广，也是仔猪常见的多发性寄生虫病。猪蛔虫幼虫的发育阶段在肠壁、肝脏和肺脏有一移行过程，导致仔猪出现腹泻、消瘦、贫血、出血、生长不良等症状，也可引起其他疾病的继发。

【病　原】　猪蛔虫属于线性动物门蛔虫目蛔科蛔属猪蛔虫种的一种大型线虫，寄生于猪的小肠中，呈中间稍粗两端较细的圆柱形。新鲜虫体为淡红色或淡黄色，体表光滑。猪蛔虫发育不要中间宿主，雄虫体长 15～25 厘米，宽 3 毫米，雌虫长 20～40 厘米，宽 5 毫米。雌虫受精后可产出大量虫卵，随粪便排出体外后，在适宜温度（28～30℃）、湿度和充足的氧气环境中，经 10 天左右可发育成为含有幼虫的感染性虫卵。猪吞食了感染性虫卵后而被感染。从感染性虫卵到发育为成虫，需要 2～2.5 个月，猪蛔虫在猪体内寄生 7～10 个月后可随粪便排出，需要 12～15 个月将蛔虫排尽。

【流行病学】　由于猪蛔虫生活史简单，有强大的繁殖力，对外界各种因素的抵抗力很强，因此猪蛔虫在全球范围内都很普遍发生，以 2～6 个月的猪最易感，成年猪为带虫者，成为蛔虫主要传染源，症状不明显，母猪的乳房若污染了虫卵，也易使哺乳仔猪受到感染。随着规模化养殖业的不断发展，饲养条件不断改善，特别是漏粪地板的大量应用，较少出现明显的临床症状，但是亚临床症状的感染较为普遍，感染性幼虫在移行过程中可对猪的小肠、肝脏和肺脏造成一定损伤，临床表现为猪只生长发育不良，料肉比和屠宰检疫过程废弃率增高，给养猪业造成一定的经济损失。

【临床症状】　猪蛔虫病的临床表现，根据猪只年龄、营养状况、感染强度以及幼虫异性和成虫寄生致病的程度不同而不同。成年猪有较强的免疫力和抵抗力，对一定数量的虫体有耐受能力，往往不会发生明显的临床症状。仔猪的抵抗力差，当感染性幼虫移行至肺脏时，仔猪表现体温升高、呼吸加快、食欲减退、气喘；在肝脏移行时，引起肝出血、坏死，屠宰时可见到，一般没有明显临床症状；肠道内有寄生虫时，病猪表现为营养不良、消瘦、食欲减退，生长缓慢，甚至成为"僵猪"，排粪时在肛门中可见蛔虫。若有大量寄生虫时，可发生肠道阻塞，严重时病猪肠道破裂死亡。虫体钻进胆管，病猪开始表现为下痢，卧地不起，烦躁不安。6 月龄以上猪感染猪蛔虫病后，常出现食欲不振、磨牙和生长缓慢。

【病理变化】 猪蛔虫主要以侵害肺、肝脏和小肠为主。患病猪的肝脏表面充血、肿胀，由于猪蛔虫在肝内移行引起结缔组织增生，形成大小不等的白色斑块。肺脏表面有大量出血点；小肠内有大量蛔虫时，可发生肠梗阻，小肠黏膜出血或溃疡。若肠破裂可见腹膜炎和腹腔积血。胆管内也可能发现蛔虫，出现化脓性胆管炎或者胆管破裂。

【诊　断】 初期表现精神不振，呼吸急促，体温略微升高，湿咳；异嗜，磨牙，消瘦，贫血，有时出现黄疸症状；阵发性痉挛疝痛，可做出初步诊断。确诊需送相关单位或技术部门实验室诊断。

【防治措施】

1. 预防　主要从 3 个方面着手：首先，定期驱虫。在规模化猪场，首先要对全群猪进行驱虫，公猪每年春秋两季驱虫 1 次，母猪产前 1～2 周驱虫 1 次；仔猪断乳后驱虫 1 次，对 2～6 月龄仔猪以后每隔 1.5～2 个月驱虫 1 次；新引进猪需先隔离饲养，经粪便检查有无蛔虫寄生，驱虫后与其他猪合群。其次，做好环境卫生。猪舍要勤打扫，勤换垫料，特别是每次驱虫后，猪舍用品包括料槽、用具等定期用 3%～5% 热碱水或 20%～30% 热草木灰水进行消毒，避免粪便污染。最后，加强饲养管理。饲料要保证足够的营养物质，增强机体抗病能力，同时减少其拱土和饮用污水，避免感染。对粪便可进行发酵或沤肥，通过生物热杀死虫卵。

2. 治疗　①左旋咪唑，分三种给药，拌料，8 毫克 / 千克；注射液，肌内注射，4～6 毫克 / 千克体重，间隔 3 周后注射 1 次；15% 搽剂，每 10 千克体重用药 1 毫升，涂在猪耳背及耳根部，主要用于小于 30 千克小猪。②丙硫咪唑，混料喂服，5～10 毫克 / 千克。③驱虫净，混料喂服，10～15 毫克 / 千克。④伊维菌素，皮下注射，0.3 毫克 / 千克体重。⑤多拉菌素，皮下或肌内注射，0.3 毫克 / 千克体重。

三、猪球虫病

猪球虫病是由等孢球虫和猪艾美耳属球虫寄生于哺乳期及刚断乳仔猪的空肠或回肠上皮细胞上，出现以腹泻为主要症状的一种寄生虫病。本病主要发生在仔猪，其他日龄猪多呈隐性感染。近年来，不管是规模化猪场，还是散养猪群，猪球虫病的感染普遍存在，呈世界性分布。

【病　原】　猪球虫病病原为等孢球虫和猪艾美耳属，均属于原生动物门、孢子虫纲、真球虫目、艾美耳科。球虫卵囊在外界环境中发育为感染性卵囊（孢子化卵囊）。猪只吞食感染性卵囊后，造成感染猪的腹泻。整个过程需要数天时间，因此，发病时间至少是 10 日龄以上。

球虫具有多层卵囊壁，对外界环境以及消毒药有很强抵抗力，因此想要彻底消灭球虫目前是不可能的。

【流行特点】　本病多发于小猪，成年猪感染一般不出现明显的临床症状，多呈带虫现象，成为本病的传染源，特别是带虫母猪，可引起出生仔猪同时或先后发病，甚至引起死亡。

近年来，猪场多发生艾美耳球虫病，可在哺乳猪和断乳后仔猪引起发热、腹泻、体重降低、食欲下降等症状。猪等孢球虫主要寄生于空肠或回肠，病猪排出黄色或灰色粪便、恶臭，若伴有传染性胃肠炎、大肠杆菌和轮状病毒感染，往往造成仔猪死亡。

【临床症状】　猪等孢球虫的感染以水样或脂样腹泻为特征，开始时粪便松软或糊状，粪便黏液带有气泡，随着病情加重，粪便呈液状，散发腐败酸臭味，病猪表现衰弱，脱水，发育迟缓，被毛粗糙无光泽，吮乳较少，体重减轻，时有死亡。

【病理变化】　感染猪肠道发生损伤，主要病变见于空肠和回肠，肠道上皮细胞坏死脱落，肠浆膜有出血斑和溃疡面，黏膜上有异物覆盖，表现为坏死性肠炎。

【诊　断】 7～14日龄仔猪的腹泻，使用抗生素治疗无效，这是新生仔猪球虫病的特征。猪球虫病的诊断主要是采用实验室诊断，确诊需送相关单位或技术部门实验室诊断。

【防治措施】

1. 预防　①做好圈舍与用具消毒，搞好环境卫生，做到全进全出，尽可能地降低饲养密度，做好猪舍通风保暖工作。②加强产房的清洗和消毒，降低仔猪感染概率，结合全进全出制度。用高压水枪冲洗地面和用具后，使用5%氨水消毒，平时可采用酚类等高效消毒剂，母猪转入产房前要驱虫，并在产前2周到产后2周内，饲料中添加抗球虫药物。③加强饲养管理，提高机体抵抗力，可在饲粮中添加电解多维，补充电解质，同时完善驱虫制度。

2. 治疗　对发病猪应及早隔离，使用百球清5%用于治疗猪球虫病可减少早期腹泻，防止发生与球虫病有关的继发性感染，减少断乳前抗生素的使用，确保整个猪群免受球虫病的破坏性影响。

四、猪毛首线虫病

猪毛首线虫病是由毛尾科毛尾属的猪毛首线虫寄生于猪大肠（主要是盲肠）所引起的一种常见线虫病，主要危害幼畜，特别是仔猪。感染严重时，可引起仔猪大批死亡，造成严重的经济损失。

【病　原】 猪毛首线虫病为毛首线虫，虫体呈乳白色，体表为透明的角皮，具有横纹。雄虫长20～52毫米，雌虫长39～53毫米。虫体前部细长，后部粗短，食道部占虫体全长的2/3，形似鞭状，故有鞭虫之称。

【流行病学】 在自然界，虫卵对寒冷和干燥有很强的抵抗力，当温度在14℃以下或50℃以上时虫卵便停止发育。当温度

在 15～16℃时需经 3 个月才能发育成为感染性虫卵。在 30℃温热潮湿条件下，虫卵经 16 天即可发育成为含有幼虫的感染性虫卵。虫卵在 2% 苯酚溶液内 3 小时、20% 石灰水中 1 小时即可杀灭。鞭虫卵通过粪便污染土壤、地面甚至水体，引起人们感染。在卫生条件好的猪舍，多为夏季放牧感染，秋冬季节猪只出现临床症状；在卫生条件较差的猪舍，一年四季均可发生感染，但以夏季感染率最高。

【临床症状】 猪群轻度感染时，常有间歇性腹泻、采食量减少、眼结膜苍白等轻度贫血现象，因而影响猪的正常生长发育。猪群严重感染时，临床症状主要为前期间歇性水样腹泻，中后期部分粪便带有血液；发病猪初期体温微热，中后期体温偏低，并很快蔓延到全群；病情严重的患猪，粪便中伴有糊糊状的黏膜；猪只精神沉郁、消瘦、被毛无光、贫血、饮食欲减少或废绝，几天后因严重脱水而迅速死亡。死前数日的猪有的还排水样血便，并混有污秽黏脓液。此外，猪群发生本病时还容易继发细菌、病毒及寄生虫等混合感染。

【诊 断】 由于鞭虫感染的临床症状缺乏特异性，临床上容易发生误诊和漏诊。因此，对出现不明原因的腹痛、腹泻、贫血、腹胀和血便等临床症状的病例时，应考虑是否为寄生虫感染。在养猪生产中，若粪便中鞭虫卵检查阳性或屠宰中发现肠道有鞭虫虫体存在即可确诊。

【防治措施】 丙硫苯咪唑，剂量为按体重 15～20 毫克/千克拌料饲喂，每天 1 次，连续饲喂 3 次，驱虫率达 100%。伊维菌素的毒性小，安全性高效，与其他药物无交叉耐药性，因此在生产实际中应用较普遍，用法、剂量按说明书。

由于鞭虫的感染性虫卵对环境的抵抗力较强，所以会造成猪群的反复感染。因此，加强猪舍卫生和饲养管理对于防治该病具有重要作用。在猪群的日常管理中，每天要及时清扫猪舍粪便，粪便经生物发酵等处理后才能用作农田肥料。猪舍、饲槽及运动场要定期彻底清洁消毒，对猪群还要定期进行粪便虫卵检查，做到早发现、早治疗，将鞭虫病造成的经济损失降到最低。

五、猪疥螨病

猪疥螨病是一种严重危害养猪业的体外寄生虫病。猪疥螨寄生于猪只表皮，引起皮肤剧痒和炎症，各种年龄的猪都可感染，严重的可引起死亡。

【病　原】　猪疥螨病病原为疥螨科疥螨的猪疥螨，其生活史简单，不需要中间宿主，疥螨大多寄生在耳部、背部、体侧以及眼睑的皮肤内，破坏上皮细胞并排除排泄物使皮肤出现皮炎、落屑等症状。

【流行病学】　猪疥螨病是一种高度接触性体外寄生虫病，以皮炎和奇痒为特征。感染途径可分为直接接触和间接接触感染。直接感染主要来自患慢性耳部疥螨感染的猪与健康猪相互接触感染，间接感染为通过污染的工具器械、车辆、场地，特别是病猪蹭过痒的圈墙、栏杆最易造成感染。现在养猪都采用封闭式养殖，秋冬季节遇到阴雨天气，空气流通不畅，疥螨病的发生更为严重。当发现有一大群猪出现瘙痒现象时，常是疥螨感染的征兆。严重的疥螨感染不但造成猪表面皮肤机械损伤，而且影响猪只增重率及料肉比，降低其抵抗力，易感其他寄生虫病及传染病。

【临床症状】　猪不分年龄均可感染，患猪靠在栏杆、墙壁等处蹭痒，用力摩擦造成患部皮肤红肿，严重时甚至出现破溃出血，往后形成痂皮，皮肤发生皱褶或皲裂。久治不愈可造成猪只生长缓慢，食欲不佳，重者出现死亡。

【诊　断】　临床上可根据皮肤病变、摩擦指数等，一般可初步诊断猪疥螨，确诊需送相关单位或技术部门实验室诊断。

【防治措施】

1. 预防　定期驱虫。可选用伊维菌素、阿维菌素、多拉菌

素等大环内酯类抗寄生虫药，驱虫方案可参考猪蛔虫病驱虫。同时应注意在使用驱虫药后7～10天对环境进行杀虫与净化，以达到彻底杀灭螨虫的效果。病猪使用过的猪舍、用具等可用1：300氰戊菊酯稀释溶液进行消毒，同时对粪便和排泄物的无害化处理。对于新进猪要进行严格的临床检查，防止引进携带疥螨的病猪，进场后需要隔离观察1个月后，确认健康才可混群饲养。猪场发现患病猪要及时隔离，用药驱虫后才可回到原猪舍。

2. 治疗　猪场发现患病猪要及时隔离，治疗时统一对所有猪群用药，一般使用0.6%伊维菌素拌料1周，间隔7天后再用药1次；病情严重的同时采取喷雾或涂擦，为了使药物充分接触虫体，最好用温水或肥皂水彻底清洗患部，清除硬痂和污物后用药：①用2%敌百虫溶液（现用现配）喷洒猪体或洗擦患部，每天1次，连用2～3天，妊娠母猪禁用；②伊维菌素或多拉菌素皮下或肌内注射，10天后重复注射1次。同时，对环境用2%敌百虫溶液进行彻底消毒杀灭成虫，隔3天1次，连用3次。

第六章
中毒性疾病

一、霉菌毒素中毒

霉菌毒素是霉菌或真菌产生的有毒有害物质，在谷物田间生长、收获、饲料加工、仓储及运输过程中皆可产生。目前，全世界的谷物有 25% 以上受到霉菌毒素污染，由于各地气候差异很大，霉菌毒素污染情况也各不相同。根据中国饲料检验中心抽样检测报道，我国的玉米、麸皮和全价饲料均有霉菌毒素污染的现象，饲料和原料中均普遍存在，霉菌毒素检出率均为 100%，超标率 90% 以上。国内饲料企业生产的配合饲料中，霉菌毒素污染率高达 80% 以上。霉菌毒素对动物的危害分为临床危害及亚临床危害，亚临床危害往往会被人们忽略。霉菌毒素会抑制动物消化酶活性，降低饲料转化率，导致猪群发生免疫抑制，对肝肾有毒性，诱发多种疾病、繁殖障碍等。不同霉菌毒素之间的具体临床症状有所区别。饲料中各种霉菌毒素之间有协同作用，其对动物健康和生产性能的危害比单一霉菌毒素危害更大，也使得猪群中毒时临床症状更复杂，临床诊断更困难。

【分　类】　现已知的霉菌毒素已超过 400 种，但并不是每种霉菌毒素都有毒。常见的霉菌毒素有以下几种。

1. 黄曲霉毒素　是高毒性和高致癌性毒素，由黄曲霉菌、寄生曲霉和软毛青霉产生的有毒代谢产物。其中黄曲霉毒素 B_1

毒性最强，几乎对所有动物的肝脏都是原发性毒，它与细胞核和线粒体 DNA 结合，造成蛋白质合成受损，干扰肝肾功能，抑制免疫系统。

2. 玉米赤霉烯酮　又称 F-2 毒素，主要是由禾谷镰刀菌、三线镰刀菌、尖孢镰刀菌、黄色镰刀菌、串珠镰刀菌、木贼镰刀菌、燕麦镰刀菌、雪腐镰刀菌等菌种产生的有毒代谢产物，主要影响动物的生殖系统。玉米赤霉烯酮主要污染玉米、小麦、大麦、燕麦、小米、芝麻、干草和青贮饲料等。玉米赤霉烯酮可促进子宫 DNA、RNA 和蛋白质的合成，畜禽摄食被玉米赤霉烯酮污染的谷物和饲料后，可引起类似雌性激素中毒症。其对公猪的影响也很显著，可导致性欲低下，精液量减少、密度降低，精子萎缩、变形或畸形率增加等。

3. 呕吐毒素　为单端孢霉素毒素，由镰孢菌属产生，具有环氧化物基团。常见于玉米和小麦中，可引起猪只采食量减少或呕吐拒食。早期阶段可导致皮肤刺激，缺乏食欲；后期，则会引起出血、消化道坏疽、中枢神经系统的问题。该毒素具有免疫抑制作用，使淋巴细胞数量减少并能影响 T、B 淋巴细胞的功能，降低机体的免疫应答能力。

4. T-2 毒素　为单端孢霉类毒素，由镰孢霉属产生，引起消化道出血及坏死，抑制骨髓及脾的再生造血功能，降低免疫功能并导致生殖器官病变。

5. 赭曲霉毒素　是由赭曲霉和纯绿青霉产生的一种肾毒素。引起动物饮欲增加、尿频、生长缓慢，病理变化包括肾脏苍白坚硬，血尿素氮、天冬氨酸转移酶增加，尿中葡萄糖及蛋白质含量上升。

6. 烟曲霉毒素　由念珠镰孢霉产生。该毒素有 B_1、B_2、B_3 三种结构，干扰细胞功能，可诱发癌前期肝结节。

7. 麦角毒素　由麦角菌产生。该毒素可缩小血管，限制血液的供给，尤其是限制血液向乳腺和机体末梢的供应。主要污染

小麦、黑麦、禾本科牧草。

【临床症状】

1. 黄曲霉毒素中毒　黄曲霉毒素主要对肝、肾、神经系统有毒害作用，是一种免疫抑制剂。临床表现为精神沉郁厌食，生长受阻，体重减轻，被毛粗糙，进一步发展为黄疸、贫血及出血性腹泻，并出以低凝血酶原血为特征的凝血病。肝脏损伤，各种酶含量升高，包括丙氨酸转氨酶、碱性磷酸酶等。当猪出现急性黄疸、出血或凝血病不能以其他原因解释时，应考虑为黄曲霉毒素中毒；出现生长缓慢、营养不良等慢性征兆以及持续发生轻度传染病时，也应提示黄曲霉毒素中毒；当出现特征性肝损伤和临床化学变化时，应明确提示为黄曲霉毒素中毒。妊娠母猪出现流产、产死胎、严重的导致死亡，因乳汁中残留毒素可持续 5～25 天，哺乳仔猪生长速度缓慢，易患各种腹泻病，生长猪容易脱肛。

2. 玉米赤霉烯酮中毒　主要对猪繁殖性能影响极大，生长期小母猪玉米赤霉烯酮中毒出现假发情或提前发情，外阴红肿、脱垂，阴门分泌物增多，乳腺肿大；后备母猪和断乳后母猪玉米赤霉烯酮中毒导致不发情，或屡配不孕，返情率增加；种公猪包皮增大、性欲降低，精液质量下降。新生仔猪玉米赤霉烯酮中毒可导致后腿外翻呈八字腿，阴门红肿。

3. 呕吐毒素中毒　中毒表现为厌食、呕吐、脱毛和组织出血。一般与玉米赤霉烯酮同时存在具有极强免疫抑制作用，使猪易发其他疾病。

4. T-2 毒素中毒　典型中毒症状为体重降低，饲料利用率差，食欲降低，呕吐，血痢，流产，甚至死亡。

5. 赭曲毒素中毒　赭曲霉毒素 A 是赭曲霉毒素家族中最强的毒素，可引起猪烦渴、尿频，还可引起腹泻、脱水、生长迟缓、饲料利用率低等。同时，它具有生殖毒性和发育毒性，引起死胎、畸形，重者表现为胃溃疡或血尿，肾早期可出现肾变性肿大、花斑肾。

6. 烟曲霉毒素中毒 该毒素可引起肺水肿、肝损伤、胸腹腔积液，呼吸困难，2～4小时后死亡。其发病率高达50%，死亡率达50%～90%。

7. 麦角毒素中毒 猪精神沉郁、采食减少、增重下降。妊娠母猪流产、死胎或弱仔，少乳或无乳，出生仔猪成活率低，出生体重下降。

【诊　断】 根据发病特点，结合临床特征和病理变化做出初步诊断，确诊需送相关单位或技术部门实验室诊断。

【防治措施】 霉菌毒素的诊断比较困难，中毒后治疗效果也不太理想，猪场主要以预防为主减少霉菌毒素中毒。

1. 预　防

（1）保障饲料、饮水质量 对于饲料和饲料原料，在质量上应严格把关，对于有霉菌污染的饲料坚决不用。在夏季、潮湿多雨等多变天气要注意饲料的存放，做到防潮防漏、通风换气良好，湿度、温度都符合储存条件，尽可能缩短储存时间。对于料槽应做到吃净后再添加，特别是高温高湿天气应及时清理料槽，水槽也应经常清洗、消毒。

（2）饲料中使用添加剂 可加入蒙脱石等进行物理吸附；加入有机酸类如丙酸、山梨酸、富马酸等破坏霉菌功能，降低其副作用；加入制霉菌素、高活性益生素、枯草芽孢杆菌等酶制剂降解其毒性；加入植物类添加剂如苦参、地肤子、大蒜等。

2. 治疗 确认霉菌毒素中毒后，要立即停止使用原饲料，并进行检查，改喂青绿饲料和高蛋白饲料，在饲料中添加脱霉剂。治疗主要是采取青链霉素控制继发感染，个别严重的可以用20%葡萄糖溶液混合维生素C和维生素B_6静脉注射。

二、有机氟化合物中毒

有机氟化合物是目前应用最广泛的农药之一，种类很多，新

制剂不断出现，常用的氟乙酰胺、氟乙酸钠等，有机氟化合物是种高效、剧毒、内吸性农药，尤其是氟乙酰胺毒性稳定，对人畜的毒性远远大于对鼠的毒性，且目前各地非法生产者较多，在某些地区严重污染了环境、饲料和饮水，常引起猪和其他畜禽的中毒死亡。

【病　因】　该病是因猪采食被有机氟农药污染的饲料、饮水，或误食灭鼠毒饵及死鼠等，导致死亡的一种急性中毒性疾病。

【临床症状】　病猪视食入氟乙酰胺量多少，其发病的潜伏期不同，症状的轻重也有差异。急性中毒潜伏期为 4～12 小时，多次食入少量氟乙酰胺 3～7 天。猪突然发病，初期食少、活动少、结膜潮红、神经症状明显，惊恐、尖叫、向前直冲、不避障碍、呕吐、口鼻发干、苍白、腹部严重膨胀；全身震颤、四肢抽搐、突然倒地、角弓反张。心跳、呼吸加快，瞳孔散大，持续几分钟后出现缓和，以后又重新发作，抑制期嗜睡、精神沉郁、肌肉松弛。有的后肢不全麻痹，以腹贴地面爬行或卧地不起，四肢做游泳状划动。肢端、耳尖发凉，体温 36.5～37.5℃。有的粪便中混有少许鲜血或黏液块。

【防治措施】　对氟乙酰胺严格保管，被污染用具应妥善保管；对施用过氟乙酰胺的农作物及青绿饲料经 60 天以上的残毒排出时间；禁喂用氟乙酰胺喷洒过的植物及饲料等；用有机氟化物药灭鼠时，猪舍不能撒布，也不能撒布于贮存饲料的地面、水源；中毒死鼠尸体应深埋，防止被猪误食。一旦确诊立即抢救治疗。

（1）洗胃：0.5%～1%硫酸铜 50～100 毫升催吐，然后用 1∶2000 高锰酸钾反复洗胃。如误食时间长，毒物已被吸收，洗胃无济于事，应导泻利尿，用硫酸钠 50～150 克，同时内服活性炭 20～50 克；或服用牛奶、鸡蛋清、绿豆水等。

（2）解氟灵（乙酰胺），肌内注射，每千克体重 0.1～0.3 克，每天 2～3 次，首次加倍，至抽搐现象消失为止。若再次出现抽搐现象则重复用药。

（3）痉挛严重者，肌内注射氯丙嗪100～200毫克或静脉注射盐酸氯丙嗪、5%葡萄糖生理盐水。

（4）25%维生素C 26毫升、复合维生素B 26毫升、三磷酸腺苷二钠20～80毫克，肌内注射，每天2次；5%～10%葡萄糖200～300毫升、生理盐水50～100毫升，静脉注射；为防止低钾血症，内服氯化钾2～5克，纠正酸中毒，静脉注射5%碳酸氢钠液100～200毫升。

（5）呼吸困难者，肌内注射尼可刹米0.5～1克或氨茶碱0.2～0.4克；腹痛，可肌内注射30%安乃近、复方氨基比林。

（6）白酒，5～15千克体重50毫升，15～25千克体重100毫升，25千克体重150毫升，一次灌服。

（7）醋精100毫升加水500毫升，一次灌服。或用5%酒精和5%醋精，每千克体重各2毫升，内服。

三、食盐中毒

食盐中毒是动物在饮水不足的情况下，因为摄入过量的食盐或者含盐饲料所引起的以消化紊乱和神经症状为特征的中毒性疾病。除食盐外，其他钠盐如碳酸钠、丙酸钠、乳酸钠等亦可引起与食盐中毒一样的症状，因此倾向于统称为"食盐中毒"。

【病　因】 猪饮水量与食盐中毒的发生有密切关系。限制饮水，食盐摄入量低于中毒剂量时，猪可发生中毒；自由饮水，盐可随水从肾脏和肠管排除，猪对食盐的耐受性就较高。常见的原因如下：

（1）对长期缺盐饲养或"盐饥饿"的猪群突然加喂食盐，特别是饮用含盐饮水而未加限制时，极易发生异常大量摄入食盐而引起中毒。

（2）机体水盐代谢平衡的状态，可直接影响对食盐的耐受性。

（3）全价饲养，特别是日粮中钙、镁等矿物质充足时，对过量食盐的敏感性大大降低，反之则敏感性显著增高。

（4）维生素 E 和含硫氨基酸等营养成分的缺乏，可使猪对食盐的敏感性增高。

（5）饮水不足。有人发现，充分饮水时，猪饲料中含盐量达13% 也未必引起中毒。动物缺盐程度和动物饮水量的多少直接影响其致死量，猪食盐内服急性致死量为每千克体重约 2.2 克。

【临床症状】 食盐中毒主要变现为神经症状和消化紊乱。猪主要变现为神经系统症状，初期表现不安、兴奋、转圈、前冲、后退、肌肉痉挛、身体震颤，不断做咀嚼运动，有的表现为吻突、上下颌和颈部肌肉不断抽搐，口角出现少量白色泡沫。口渴，经常找水喝，直至意识紊乱而忘记饮水，同时眼和口黏膜充血，少尿。后期躺卧，四肢做游泳状动作，有的出现犬坐姿势，呼吸促迫，脉搏快速，皮肤黏膜发绀，出现阵发性惊厥、昏迷，呼吸衰竭而死亡，病程约 48 小时。慢性中毒变现为便秘、口渴和皮肤瘙痒，突然暴饮大量水后，表现与急性中毒相似的神经症状。

【防治措施】 尚无特效解毒药。治疗要点为排钠利尿，恢复阳离子平衡和对症治疗。

（1）发现中毒立即停喂食盐。对尚未出现神经症状的病猪给予少量多次的新鲜饮水，以利血液中的钠盐经尿排出；已出现神经症状的病猪，应严格禁止饮水，以防加重脑水肿。

（2）恢复血液中一价和二价阳离子的平衡，可静脉注射氯化钙溶液，剂量按照每千克体重 0.2 克计算。

（3）缓解脑水肿，降低颅内压，可静脉注射 25% 山梨醇液或高渗葡萄糖液。

（4）促进毒物排出，可用利尿剂（如双氢克尿噻）和油类泻剂。

（5）缓解兴奋和痉挛发作，可用硫酸镁、溴化物（钙或钾）等镇静解痉药。

在日粮中添加食盐总量应占日粮的 0.3%～0.8%，或以每千克体重饲补食盐 0.3～0.5 克，以防因盐饥饿引起对食盐的敏感性升高。在饲喂盐分较高的饲料时，严格控制用量的同时供以充足的饮水。

四、亚硝酸盐中毒

硝酸盐和亚硝酸盐中毒是动物摄入过量含有硝酸盐或亚硝酸盐的植物或饮水，引起血液中生成大量高铁血红蛋白的一种疾病；临床上表现为皮肤、黏膜发绀及其他缺氧症状，本病以猪多见。

【病　因】　在自然条件下，亚硝酸盐系硝酸盐在还原性细菌的作用下还原为氨过程的中间产物，故其发生和存在取决于硝酸盐的数量与还原性细菌的活跃程度。动物饲料中，各种鲜嫩青草、作物秧苗以及叶菜类等均含有硝酸盐。在重施氮肥或农药的情况下，如大量施用硝酸铵、硝酸钠等，使用除草剂或植物生长调节剂后，可使菜叶中的硝酸盐含量增加。还原性细菌广泛分布于自然界，其活性受环境的湿度、温度等条件的直接影响。最适宜的生长温度为 20～40℃。在生产实践中，如将幼嫩青饲料堆放过久，特别是经过雨淋或烈日暴晒，极易产生亚硝酸盐。猪饲料采用文火焖煮或者锅灶余热、余烬使饲料保温，或让煮熟饲料长久焖置锅中，给还原性细菌提供了适宜条件，可把硝酸盐转化为亚硝酸盐。

【临床症状】　多发生于精神良好和食欲旺盛的动物，发病急、病程短，救治困难。最急性者可能仅稍显不安，站立不稳，即倒地而死，故称为"饱潲瘟"。中毒病猪常在采食后 15 分钟至数小时发病。急性型病例除表现不安外，呈现严重的呼吸困难，脉搏急速细弱，全身发绀，体温正常或偏低，躯体末梢部位厥冷。耳尖、尾端的血管中血液量少而凝滞，呈黑褐红色。肌肉战栗或衰竭倒地，末期出现强直性痉挛。

【防治措施】 特效解毒剂是美蓝（亚甲蓝）。用于猪的标准剂量是每千克体重1～2毫克，加生理盐水或葡萄糖溶液，制成1%溶液静脉注射。甲苯胺蓝治疗高铁血红蛋白症较美蓝效果好，按每千克体重5毫克制成5%溶液静脉注射，也可肌内注射或腹腔注射。大剂量维生素C，猪0.5～1克，静脉注射，但奏效速度不及美蓝。

第七章

皮肤性疾病

一、仔猪渗出性皮炎

仔猪渗出性皮炎是猪金黄色葡萄球菌感染引起的仔猪急性接触性皮炎，以全身油脂样渗出性皮炎为特征。1965 年首次报道该病的致病菌为猪葡萄球菌，1978 年又发现了非致病性的猪葡萄球菌。仔猪渗出性皮炎在大多数国家都有发生，无明显的季节性，在猪舍卫生条件差，饲养管理不善，消毒不彻底时易感染发病，病死率很高，影响仔猪生长性能，带来很严重的经济损失。

【病　原】　猪金黄色葡萄球菌属于微球菌科葡萄球菌属，革兰氏阳性球菌，是一种条件性致病菌，目前已鉴定出 6 种血清型，可从猪的皮肤、鼻腔黏膜、外阴和阴茎包皮分离到该菌。

【流行病学】　本病常发于 1～4 周龄的仔猪，其中以 1～2 周龄以内的哺乳仔猪居多。猪渗出性皮炎主要通过接触传播，通常认为由携带致病菌的猪群传染干净的猪群中，通过携带致病菌的母猪传播给新生仔猪。也有研究发现，葡萄球菌可经初产母猪的产道垂直传播给新生仔猪。葡萄球菌是一种条件性致病菌，通常寄生于仔猪的皮肤、黏膜上，发病原因主要是猪只抵抗力下降，如低温、阴雨潮湿、营养不良、环境卫生差，饲养管理不当等，受到应激因素影响也可发病。临床上仔猪之间的争斗、啃咬，感染猪疥螨，使猪体表皮肤受到损伤，皮肤屏障功能受到破坏时，葡萄球菌很容易侵入个体感染发病，而且一旦个别猪开始发病，若不采取措施，很容易导致其他猪只也发病。

【临床症状】 病猪初期眼睑出现点状红斑，后转为黑色，接着全身开始分泌出油脂样黏液，呈现黄脂色或棕红色，尤其以腋下、肋部、脸颊较为严重，后扩展至全身，炎症处不断有组织液渗出，触摸黏手。组织液粘上灰尘、皮屑和污垢后凝固成龟背样痂块，灰色或黑色，伴有难闻气味。严重感染仔猪被毛直立，像刺猬，腹泻、食欲不佳。

【病理变化】 病变部位皮肤呈黑色痂皮样，肥厚干裂，剥落开露出桃红色的真皮组织，体表淋巴结肿大。小肠及空肠黏膜出现糜烂，有异物覆盖在黏膜上。

【诊　断】 根据临床症状、病理变化和实验室诊断来诊断该病。确诊需送相关单位或技术部门实验室诊断。

【防治措施】

1. 预防 本病主要从预防入手，在管理上排除诱发因素。①减少产房母猪体外带菌。母猪进入产房前需要进行严格消毒，可选用广谱消毒药，如碘伏类消毒剂，同时做好体表寄生虫驱虫工作，避免因猪疥螨等体外寄生虫造成皮肤损伤而诱发该病的混合感染。②减少母猪垂直传播，初产母猪可通过垂直传播将病原菌传播给仔猪，可在产前、产后利用利高美素 –44 进行保健。③减少仔猪的伤口途径感染，主要是做好剪牙、断尾、断脐和阉割等生产工作，避免引起皮肤破损。此外，仔猪也可通过咬斗、异物创伤等造成皮肤损伤，饲养管理中要特别注意。

2. 治疗 对于感染严重的仔猪，整个猪身消瘦结痂变黑，建议及时淘汰。

感染较轻的仔猪可用 0.1% 高锰酸钾浸泡痂皮，待痂皮发软擦拭干净，剥去痂皮，涂上敏感抗生素软膏，如阿莫西林、红霉素、强力霉素等，并加强保温，每天 1 次。口服葡萄糖、黄芪多糖，提高机体抵抗力。较为严重病猪可注射适量地塞米松。饲料

中可增加多种维生素和微量元素，提高猪群整体抵抗力。

二、猪 丹 毒

猪丹毒是由猪丹毒杆菌引起的一种传染病。该病呈世界性分布，可造成发病动物死亡、生长缓慢以及屠宰场处罚等。猪丹毒主要侵害架子猪，临床上以特征性疹块变化、急性败血症、慢性疣状心内膜炎及皮肤坏死与多发性非化脓性关节炎（慢性）为特征。该病是在 1878 年 Koch 从实验小白鼠体内分离到一种被称为"小白鼠败血性杆菌"后才被确认为一种传染性疾病的。我国最早发现于四川，1946 年以后，其他各省相继有所报道。

【病　原】 猪丹毒杆菌为革兰氏阳性菌，呈杆状，或直或稍弯曲，兼性厌氧，无运动性，不产生芽孢，无荚膜，无鞭毛，单在或呈 V 形、堆状或短链排列，易形成长丝状。该病原菌对烟熏、干燥、腐败或日光等自然因素抵抗力较强，但不耐热，阴暗环境中可存活 30 天以上，阳光下可存活 10～12 天，饮水中存活 5 天，污水中可存活 15 天，深埋的尸体中存活 7～10 个月。常用消毒药如 3% 来苏儿、1% 福尔马林、5% 石灰乳、1% 漂白粉可把本菌杀死。本菌耐酸性较强，猪胃内的酸度不能杀死杆菌，因此可通过胃而进入肠道。

【流行病学】 病猪和带菌猪是本病的主要传染源。细菌主要存在于带菌动物扁桃体、胆囊、回盲瓣和骨髓中，可随粪尿或口、鼻、眼的分泌物排菌，污染饲料、饮水、土壤、用具和圈舍。该菌可通过消化道、损伤的皮肤、吸血昆虫传播（多在炎热、多雨、蚊蝇活跃季节）使猪只感染发病。不同年龄猪都能感染，但以 3～5 月龄的架子猪发病率最高，牛、羊、犬、马、鸡、鸭、鹅、火鸡、鸽、麻雀、孔雀等也有病例报告，人感染本病时称类丹毒。健康带菌猪在应激因素的作用下，机体抵抗力降低，细菌在局部大量增殖侵入血液，引起内源传染而发病，在流行病学上具有重要意义。

【临床症状】 临床上可分为急性败血型、亚急性疹块型、慢性型、心内膜炎和关节炎。

1. 急性败血型 流行初期大多不表现任何症状而突然死亡，其他猪相继发病。多数猪体温升高至 42～43℃，稽留热，卧地不食，结膜充血，眼角很少有分泌物；粪便干硬呈栗状，附有黏液，后期发生腹泻，发病 1～2 天后，病猪皮肤表面出现红斑，指压褪色，病程为 3～4 天。

2. 亚急性疹块型 通常预后为良性，特征性表现为皮肤出现疹块。病初体温升高至 41℃以上，发病 2～3 天后胸、腹、背、肩及四肢等部位出现界限分明的大小不等的红色疹块，多呈方块形，后结痂似龟壳样，俗称"打火印"。疹块发生后，体温下降，经 1～2 周可康复。若病情加重，出现部分皮肤坏死，继续恶化可发展为败血症死亡。

3. 慢性型 一般由上述两型转换而来，分为皮肤坏死、心内膜炎和关节炎三种主要病变，皮肤坏死一般丹毒发生，而心内膜炎和关节炎往往同时发生。

（1）**皮肤坏死** 可见到患病猪的背部、肩部、耳朵、蹄部和尾部等多处皮肤肿胀、隆起、坏死、结痂形成黑色干硬皮革样病灶。病猪食欲无明显改变，体温正常，但病猪逐日消瘦、机体衰弱、增重缓慢、发育不良。经 2～3 个月坏死皮肤脱落，留下无毛的瘢痕。

（2）**心内膜炎** 病猪出现消瘦、贫血、呼吸困难，可视黏膜发绀，运动缓慢，听诊时心脏有杂音、节律不齐、心动加速、亢进，如强行激烈走动时，可突然因心衰致死，有的生前未发现任何症状，死后剖检时有菜花样心内膜炎。

（3）**关节炎** 病猪腿僵硬、疼痛，急性过后主要以关节变形为主，病猪卧地不起，生长缓慢、消瘦，病程可达数周或数月。

【病理变化】

1. 败血型　主要表现急性败血症的全身变化和体表皮肤出现红斑。淋巴结肿大，切面多汁，呈浆液性出血验证。肺脏充血、水肿；心内外膜点状出血；脾脏充血、肿大，有"白髓周围红晕"现象。消化道卡他性或出血性炎症，黏膜弥漫性出血。胃底及幽门部尤其严重，黏膜发生弥漫性暗红色，纵切面皮质部有小红点。

2. 疹块型　以皮肤疹块为特征变化。疹块与生前无明显差异。

3. 慢性型　关节炎为多发性增生性，关节肿胀，有多量浆液性纤维素性渗出液，黏稠或带红色。后期滑膜绒毛增生肥厚。

慢性心内膜炎常为溃疡性或花椰菜样疣状赘生心内膜炎。一个或数个瓣膜，多见于二尖瓣膜。它是由肉芽组织和纤维素性凝块组成的。

【诊　断】　可根据流行病学、临床症状及尸体剖检等材料进行综合诊断，确诊需送相关单位或技术部门实验室诊断。

【防治措施】

1. 预防

（1）定时清洁消毒。对于未发病的猪场或地区，坚持做好防疫工作，定期消毒、杀灭病原体。做到全进全出，每批猪出栏后，对猪舍所有角落都应彻底消毒，平时做好防蚊灭蝇工作，及时清理粪便。

（2）坚持自繁自养，如必须引进种猪，则提前做好疫苗工作，引进猪只需隔离观察至少1个月，无疫情发生才可混群。

（3）免疫接种。疫苗接种猪丹毒疫苗是最有效的预防措施。目前国内常用弱毒疫苗 GT（10）及 GC42，灭活苗有猪丹毒氢氧化铝甲醛菌苗，免疫期均为6个月。GC42可用于注射或口服。联苗有猪瘟—猪丹毒二联弱毒苗及猪瘟—猪丹毒—猪肺疫三联弱毒苗。

（4）若发生猪丹毒疫情，应立即将病猪隔离治疗，并及时给予降温措施，死猪烧毁或深埋。与病猪同群未发病猪只可使用青霉素等抗生素进行预防。待疫情扑灭，需要彻底消毒1次，并注射疫苗。对慢性发病猪应尽早淘汰，防止带菌传播。

2. 治疗 使用抗生素治疗效果最好，如青霉素、氨苄西林、阿莫西林类。治疗原则是早治、量足。如青霉素和链霉素各30万单位，加复方氨基比林10～20毫升。混合肌内注射，小猪2支，大猪4支，每日2次，连用3～4天。

三、猪　痘

猪痘是由病毒引起的一种急性发热性接触性传染病，其特征是皮肤和黏膜上发生特殊的红斑、丘疹和结痂。

【病　原】 本病病原体有两种：一种是猪痘病毒，另一种是痘苗病毒。它们均属痘病毒科，脊椎动物痘病毒亚科，猪痘病毒属成员。核酸型为DNA，病毒粒子为砖形或卵圆形，大小为300纳米×250纳米×200纳米，有囊膜，是最大型病毒。

【流行病学】 猪痘病毒只能使猪感染发病，其他动物不发病。以4～6周龄的哺乳仔猪多发，断乳仔猪亦敏感，成年猪有抵抗力。由痘苗病毒引起的猪痘，各种年龄的猪都感染发病，呈地方流行性。还可引起乳牛、兔、豚鼠、猴等动物感染。本病的传播方式一般认为不能由猪直接传染给猪，而主要由猪血虱、蚊、蝇等体外寄生虫传播。本病可发生于任何季节，以春秋天气阴雨寒冷、猪舍潮湿污秽以及卫生差、营养不良等情况下，流行比较严重，发病率很高，致死率不很高。

【临床症状】 本病潜伏期平均4～7天，病猪体温升高到41.3～41.8℃，精神食欲不振、喜卧、寒战，行动呆滞，鼻黏膜和眼结膜潮红、肿胀并有分泌物，分泌物为黏液性。痘疹主要发生于躯干的下腹部和四肢内侧、鼻镜、面部皱褶等无毛或少毛部

位，也有发生于身体两侧和背部的，典型的猪痘病灶，开始为深红色的硬结节，突出于皮肤的表面，略呈半球状表面平整，直径达8毫米左右，临床观察中见不到水疱阶段即转为脓疱，病变中间凹陷，局部贫血呈黄色，病变中心高度下降，而周围组织膨胀，发病后约10天脓疱渐结痂，至20天后多数痂皮脱落，遗留白色斑块而痊愈。

腹股沟淋巴结是肉眼病变的另一器官。皮内接种的猪，皮肤病变出现1～2天，腹股沟淋巴结变大，并容易触摸到，病理发展到脓疱期结束时，淋巴结已接近正常。

本病多为良性经过，病死率不高，所以易被忽视，以致影响猪的生长发育，但在饲养管理不善或继发感染时，常使病死率增高，尤其是幼龄猪。

【病理变化】 痘疹病变主要发生于鼻镜、鼻孔、唇、齿龈、颊部、乳头、齿板、腹下、腹侧、肠侧和四肢内侧的皮肤等处，也可发生在背部皮肤。死亡猪的咽、口腔、胃和气管常发生疱疹。

由于猪痘的病情比较轻微，组织学病变可见棘细胞肿胀变性，溶解而出现微细胞化灶，胞核染色质溶解，出现特征性核空泡，当忽视饲养管理时，本病可常继发胃肠炎、肺炎，引起败血症而死亡。

【诊　断】 根据流行病学，临床症状一般不难诊断，本病可见皮肤痘疹，病情严重的或有并发病的可在气管、肺、肠管处发现痘疹。确诊需送相关单位或技术部门实验室诊断。

【防治措施】 目前本病尚无有效疫苗，而且发病后一般治疗也并不能改变本病的病程，患本病时只要加强饲养管理，改善猪舍环境，加强猪本身抵抗力，一般不会引起损失。病猪康复后可获得坚强的免疫力。猪痘病毒与痘苗病毒之间无交叉免疫。

为了防止引入本病，在引进新猪时，必须对引自猪场的病史做详细了解，并在新猪入场前检查皮肤上是否存在痘样病变。平时加强饲养管理，注意消灭血虱等体外寄生虫。由于本病的经济损失不大，一般不提倡用疫苗。

四、猪水疱病

猪水疱病是由猪水疱病病毒引起猪的一种传播迅速、流行性强、发病率高的传染病。以蹄、口、鼻镜及乳头等部位的皮肤或黏膜上发生水疱为特征。在临床上很难与口蹄疫、水疱性口炎和猪水疱疹相区别。但牛、羊、马等家畜不发生本病。

【病　原】　本病的病原为猪水疱病病毒，属于小核糖核酸病毒科、肠道病毒属的成员。病毒粒子呈球形，直径为30～32纳米。

本病毒对消毒药抵抗力较强，常用消毒药在常规浓度下短时间内不能杀死本病毒。消毒药中以甲醛和氨水的效果最好。其次是烧碱、漂白粉、生石灰和冰醋酸等。

【流行病学】　本病一年四季均可发生。在猪群高度密集调运频繁的猪场，传播较快，发病率亦高，可达70%～80%，但死亡率很低，在密度小、地面干燥、阳光充足、分散饲养的情况下，很少引起流行。

发病猪是主要传染源，病猪与健猪同居24～45小时，即可在鼻黏膜、咽、直肠检出病毒，经3天可在血清中出现病毒。在病毒血症阶段，各脏器均含有病毒，带毒的时间，鼻7～10天，口腔7～8天，咽8～12天，淋巴结和脊髓15天以上。

病毒主要经破损的皮肤、消化道、呼吸道侵入猪体，感染主要是通过接触，饲喂含病毒而未经消毒的泔水和屠宰下脚料、牲畜交易、运输工具（被污染的车辆）。被病毒污染的饲料、垫草、运动场、用具及饲养员等往往造成本病的传播。据报道，本病可通过深部呼吸道传播，气管注射发病率高，经鼻需大量才能感染，所以认为通过空气传播的可能性不大。各种年龄品种的猪均可感染发病，而其他动物不发病。

【临床症状】　潜伏期自然感染一般为2～4天，有的可延至

7~8天或更长。

病初常表现突然发生跛行，不愿起立，体重越大的猪越明显。因蹄部疼痛或中枢神经受损，行走时步态蹒跚。检查时可发现蹄冠和蹄踵的角质与皮肤的结合处上皮肿胀、充血（或苍白），继之在蹄冠及蹄叉皮肤上出现大小不等的水疱，明显突出于皮肤表面，疱内充满透明液体。水疱很快破裂，形成溃疡，可波及趾部、跖部和蹄踵。严重病例溃疡常围绕蹄部皮肤，蹄壳开裂，进而蹄壳脱落，导致行走困难，或跳行，或用膝部爬行，或卧地不能起立，驱赶时号叫。在水疱出现后，可见体温升高达40~41℃，水疱破裂后恢复正常。在无并发症或继发症的情况下，病猪很快恢复，但体重大的和繁殖母猪恢复缓慢。

【病理变化】 剖检病死猪可见蹄冠、趾间、口腔和黏膜，以及鼻镜皮肤有大小不等的水疱、破裂的水疱和水疱皮脱落，露出的创面出血、糜烂和溃疡。蹄部的病变常波及掌和跖部，并伴有脚垫变松。组织学检查可见不同程度的非化脓性脑炎变化。发生水疱部位，以局限性渗出性炎症变化为主，表皮或黏膜上皮组织见有局限性变性、坏死。细胞间隙增宽，浆液中含有少量嗜中性白细胞和渗出的纤维素，在细胞层内形成水疱。

【诊　断】 猪水疱病在临床上很难与猪口蹄疫、猪水疱性口炎和猪水疱疹等病相区别，因此必须依靠实验室诊断才能鉴别。

【防治措施】 控制本病的重要措施是防止将病带到非疫区。不从疫区调入猪只和猪肉产品。运猪和饲料的交通工具应彻底消毒。屠宰的下脚料和泔水等要经煮沸后方可喂猪，猪舍内应保持清洁、干燥，平时加强饲养管理，减少应激，加强猪只的抗病力。

1. 加强检疫、隔离、封锁制度 检疫时应做到两看（看食欲和跛行），三查（查蹄、口、体温），隔离应至少7天未发现本病，方可并入或调出，发现病猪就地处理，对其同群猪同时注射高免血清，并上报、封锁疫区。封锁期限一般以最后一头病猪恢复后20天才能解除，解除前应彻底消毒1次。

2. 免疫预防 我国目前制成的猪水疱病灭活疫苗，效检平均保护率达 96.15%。免疫期 5 个月以上。对受威胁区和疫区定期预防能产生良好效果，对发病猪，可采用猪水疱病高免血清预防接种，剂量为每千克体重 0.1～0.3 毫升，保护率达 90% 以上，免疫期 1 个月。在商品猪中应用，可控制疫情，减少发病，避免大的损失。

3. 做好消毒 常用消毒药 0.5% 农福、0.5% 菌毒敌、5% 氨水、0.5% 次氯酸钠等均有良好消毒效果。

第八章

其他疾病

一、猪口蹄疫

口蹄疫是一种高传染性、高死亡率牲畜疾病，主要侵害猪、牛、羊、骆驼等偶蹄动物，在我国被列为一类动物烈性传染病。口蹄疫也是人畜共患病，人类接触或摄入污染的畜产品后，口蹄疫病毒可通过受伤的皮肤和口腔黏膜侵入人体而引起人发病。该病的特点是传播快、发病率高，特别是对断乳前后仔猪危害最大，一旦发病可出现仔猪大批死亡。临床上以口腔黏膜、蹄部和乳房皮肤发生水疱和溃烂为特征。

口蹄疫的发生和流行会导致巨大的经济损失，引起幼畜死亡、产奶量下降、肉食减少、肉品下降、动物的生产性能降低，此外由于贸易限制和禁止动物及产品出口而带来更大的经济损失。口蹄疫在我国流行已久。早在1893年，云南西双版纳地区曾流行类似口蹄疫的疾病；1902年甘肃酒泉一带发生过口蹄疫大流行，相继在新疆、青海、江苏、安徽、河北等地发生。

【病　原】　口蹄疫的病原为口蹄疫病毒，属于微RNA病毒科、口蹄疫病毒属的成员。该病毒对许多化学消毒药抵抗力强，如酚类消毒剂；它对升汞、高锰酸钾、乳酸、2%氢氧化钠溶液、次氯酸盐类溶液及甲醛等消毒药敏感，可用于该病毒的消毒。

【流行病学】　本病的传染性极强，常呈大流行性，传播方式有蔓延式和跳跃式两种。猪口蹄疫病毒可通过消化道、呼吸道、皮肤和黏膜感染、人工授精等直接或间接传播，鸟类、鼠类、昆虫等也能机械性传播而发病。

病猪和带毒猪是最主要的直接传染源，特别是发病初期的病猪是最危险的传染源。病猪的粪、尿、乳汁、呼出的气体、唾液、肉、毛、内脏等，以及污染的猪舍、水、饲养用具都有病毒存活，成为传播媒介。该病一年四季均可发生，主要以冬春季、春秋季多发，猪口蹄疫发病急、传播速度快、流行范围广，一旦发病就呈大面积流行，特别是幼猪、纯种猪及抵抗力差的猪最易发病。

【临床症状】 猪感染口蹄疫初期有发热症状，体温上升到40℃左右，食欲不振，精神萎靡，猪蹄部分皮肤有发红、肿胀。随着病情加重，蹄冠、蹄踵、蹄叉、唇部、齿龈、鼻镜、鼻端以及乳头等部位出现水疱。初期是透明的淡黄色液体，之后变成粉红色直至浑浊水疱破裂，形成鲜红色烂斑，表面一层淡黄色物质，干燥后形成黄色痂皮。若无继发感染，一般约1周就可结痂痊愈，若继发感染，烂斑就扩散呈溃疡形成糜烂，猪只表现为跛行，严重时蹄壳脱落，猪跪行或卧地不起。

哺乳母猪乳房处的溃烂较为常见，可导致其分泌乳汁减少甚至拒绝哺乳。仔猪最终因急性胃肠炎、腹泻和心肌炎而突然死亡，病死率达60%～80%，有时达100%。

【病理变化】 对病死猪解剖可见鼻镜、唇内黏膜、齿龈、咽喉、气管和支气管上有大小不一的圆形水疱疹和糜烂病灶。较为病重的猪只表现出心肌炎症状，心包膜上出现弥散及点状出血，心室中隔、心房以及心室面上出现条纹或斑块，又称"虎斑心"，心肌扩张、色淡、质变柔软，弹性下降。

【诊　断】 根据本病流行病学、临床症状、病理变化，一般不难做出初步诊断；确诊需送国家认证有资质的相关单位或技术部门实验室诊断。

临床注意与其他疾病如猪水疱病、猪水疱疹、猪水疱性口炎鉴别诊断（表 8-1）。

表 8-1 4 种引起水疱病毒病的鉴别诊断

病名	猪口蹄疫	猪水疱病	猪水疱疹	猪水疱性口炎
病原	口蹄疫病毒	猪水疱病病毒	猪水疱疹病毒	猪水疱性口炎病毒
易感动物	各种年龄、品种的猪均易感，人亦可感染	各种年龄、品种的猪易感，人亦可感染	各种年龄、品种的猪均易感	猪、牛、马、绵羊、兔、人可感染
流行病学	无严格季节性、传染性强、发病率高、幼畜死亡率高	仅猪易感，发病率高，达70%～80%，死亡率低	地方流行性或散发，通过接触污染饲料或饮水感染	多发生于夏季和秋初，一般呈散发。病毒通过双翅目昆虫叮咬或污染饲料、水体感染
发病率	较高	较高	10%～100%	30%～95%
临床症状与病理剖检	发热，蹄部、口唇鼻镜、乳房等部位出现水疱，虎斑心，急性胃肠炎，口腔水疱较少，细胞原生质内有大量小空泡	发热，传播较慢，蹄部、鼻镜、口腔、舌面上形成水疱和溃烂，口腔水疱较少非化脓性，脑脊髓炎变化	特征性发热，吻、唇、舌、蹄、乳头等部可出现水疱	发热，口腔出现水疱、蹄部水疱少见或无

【防治措施】

1. 预防 对猪群进行疫苗免疫是预防猪口蹄疫的一个重要组成部分，通过提高猪群的抗体水平，才能降低口蹄疫暴发的风险。疫苗免疫接种分为常年计划免疫和疫点周围的环状免疫。应根据猪群抗体水平的监测结果，制定符合本场实际的免疫程序。猪群接种口蹄疫 O、A 型灭活苗，可按以下程序进行免疫：种公猪每年接种 3 次，间隔 4 个月；后备公、母猪在配种前间隔 30天免疫 2 次，每次肌内注射 3 毫升 / 头。种母猪配种前接种浓缩苗 3 毫升 / 头，分娩前 2 个月再接种 1 次，确保产后母源抗体效价可达到 1 : 1 024。仔猪可在断乳后 60～70 天注射浓缩苗 1 次，2 毫升 / 头，105～115 日龄再注射 1 次，3 毫升 / 头。

2. 疫情处理

（1）一旦发现口蹄疫疫情，应立即扑杀病畜及感染动物消除传染源，扑杀动物次序为：病畜—病畜的同群畜—疫区所有易感动物—其他地区的持续感染动物。对扑杀动物和疫区内染毒物品要进行无害化处理，若大规模暴发疫情，可采取深埋法来加快处理速度。

（2）对疫区采取隔离、封锁并进行彻底消毒，防止病原扩散。限制疫区内动物、动物产品及染毒物品流动，有效控制无关人员和车辆进入切断传播途径。消毒必须选择正确消毒药，保证有效药物浓度，增加消毒次数对病死畜、畜类相关产品、粪、尿、污水、垫料、饲料、畜舍周围及空地，畜场道路、交通工具等进行环境消毒，人员出入疫区也必须消毒。

（3）对未发病的猪群紧急接种疫苗（常规苗 5 毫升 / 头或高效苗 3 毫升 / 头），15 天后加强免疫 1 次。如果疫情来势凶猛，疫苗紧急接种无效时，则应立即封锁整个猪场，报告防疫指挥部，动员和组织人力、物力严密监视周围地区易感染动物，阻断交通，设立消毒检疫哨卡。猪场应封锁 2～3 个月。

二、猪附红细胞体病

猪附红细胞体病是由猪附红细胞体引起的一种以黄疸和贫血为特征的人畜共患病。猪附红细胞体病大多呈现隐性感染，一旦抵抗力下降或受到应激因素影响则急性经过出现明显症状，或可能继发和并发其他疾病，使病情加重导致猪只死亡。自 2001 年，有大量报道称猪附红细胞体大规模暴发和流行，引起国内外对该病进行大量研究，但应注意到对于附红细胞体病还缺乏全面认识，亟须建立科学的诊断方法并采取有效措施对其进行预防和控制。

【病　原】　猪附红细胞体原本属于立克次氏体目，2002年被国外学者划定为柔膜体纲、支原体属，并作为支原体属的单个新种，如猪嗜血支原体（猪附红细胞体）。猪附红细胞体具有多形态，多呈环形、球形和椭圆形，单独、成对或成链状附着于红细胞表面。革兰氏染色为阴性，姬姆萨氏染色的血液涂片上，病原体呈淡红或淡紫色。该病原对干燥和化学消毒剂抵抗力弱，但对低温抵抗力强，一般消毒液均能杀死病原。

【流行病学】　大多数动物对附红细胞体都易感，因此，很多动物都可能成为潜在的传染源。猪附红细胞体的致病性与机体健康状况相关，它在血液中数量处于较低水平往往没有明显临床症状，而遭受应激或抵抗力下降时则诱发该病，表现出明显临床症状。

各种年龄的猪均可感染猪附红细胞体，尤其是2～8月龄的猪更为易感，节肢动物（虱、疥螨）和吸血昆虫（如蚊子）为主要传播媒介，也可通过舔食断尾伤口，互相斗殴或采食污染尿液发生感染，使用被附红细胞体污染的注射器、针头或是其他手术器具对猪只进行阉割、免疫注射等也造成该病传播。猪附红细胞体通过降低辅助性T细胞的功能，间接抑制体液免疫反应，增加其他病原体感染的可能性，而猪群流行的其他免疫抑制性疾病如猪繁殖与呼吸综合征、伪狂犬病毒病、圆环病毒病等病原感染，也可成为猪发生猪附红细胞体的一个诱因。二者相互作用，临床上猪附红细胞体和其他病原体混合感染现象变得十分普遍。

【临床症状】　猪附红细胞体感染能引起急性溶血性疾病的发生，导致小猪、妊娠母猪、断乳仔猪和育肥猪的死亡。受到应激因素影响，如天气变化、断乳、饲养管理不善等，急性发病猪表现皮肤苍白、发热、贫血，后期病猪耳朵、胸前、腹下、四肢内侧等部位出现皮肤发绀，指压不褪色，成为"红皮猪"；母猪流产、死胎、不发情或受胎率低；育肥猪生长缓慢。

【病理变化】　剖检病变有黄疸和贫血，全身皮肤黏膜、脂肪和脏器显著黄染；肌肉色泽变淡，淋巴结肿大；猪血液颜色变淡，凝固不良；肝脏肿大，呈黄棕色，质脆；心包积液，少量针尖状出血点，肺脏发生间质性水肿；脾肿大，质软而脆；肾肿大，苍白或呈土黄色，包膜下有出血斑。

【诊　断】　根据临床症状，如出现贫血、黄疸、发热以及血常规检查红细胞减少，白细胞增多等特征进行初步判断；确诊需送相关单位或技术部门实验室诊断。

【防治措施】

1. 预防　主要从 3 个方面着手：首先，减少传染源，选育无猪附红细胞体携带的种猪，定期驱除猪体内、外寄生虫。其次，切断传播途径，加强防蚊灭鼠工作，对于免疫接种及手术器械要进行严格灭菌消毒，切断血液传播。最后，加强饲养管理，减少应激因素，提高饲粮水平，增强机体抵抗力，注意对仔猪通风保温。

2. 治疗　做到早发现、早确诊、早治疗，通过饲料中添加长效土霉素、强力霉素、复方磺胺甲氧嘧啶可以有效防控猪附红细胞病，如每吨饲料中添加 3 000 克强力霉素，连用 7 天，虽不能彻底治愈，但能降低附红细胞体病的发病率。此外，还要注意对症治疗，纠正酸中毒，补充血糖，如每吨饲料中添加 500 克碳酸氢钠、1 000 克葡萄糖，严重贫血的猪可注射牲血素。同时饲料中添加复方磺胺类药物、阿莫西林来有效控制继发感染的一些细菌性疾病。

三、猪水肿病

猪水肿病是某些血清型的溶血性大肠杆菌引起的肠道毒血症，又称为肠毒血症。该病是由 Shanks 首次报道，1949 年 Timoney 用自然病例肠内容物的上清液静脉注射，复制出猪水肿病，推测猪水肿病是一种肠毒血症。1951 年 Handson、Huck 和

Shand 以及 Bultain 从病猪肠道中分离出溶血性大肠杆菌。引起猪发生猪水肿病的病因很多，如母源抗体下降、饲料中蛋白质含量过高、气候改变以及个体易感性等。本病多见于断乳后 7 天左右仔猪，临床症状表现为仔猪四肢麻痹、步态蹒跚、痉挛和昏迷等症状。在世界各地都有发生该病，我国是在 1956 年首次报道此病，该病发病率为 10%～30%，但病死率高达 80%～100%，已引起养猪业者的广泛重视。

【病　原】　引起水肿病的大肠杆菌称为肠毒血症大肠杆菌，有多种血清型，部分与仔猪黄痢相同，最常见的有 $O_{138}：K_{81}$、$O_{139}：K_{82}$ 和 $O_{141}：K_{85}$，与水肿病有关的血清型菌株对猪有特嗜性，其他动物没有发现。该病毒能溶解绵羊红细胞，在鲜血琼脂上出现 β 溶血环。

【流行病学】　本病各国几乎都有发生，主要多发于仔猪断乳后 1～2 周，生长快、体况好的仔猪多发。发生过仔猪黄痢的仔猪一般不发生本病。传染源主要为带菌母猪和感染的仔猪。由粪便排出病菌，污染饲料、水和环境，通过消化道感染。该病呈地方性流行，或零星散发。各地区流行的血清型都不尽相同，所以了解病菌的血清型对防治本病非常重要。

该病的发生与母源抗体保护力降低、气候变化、畜群易感性和饲养发生变化等有关，特别是仔猪的免疫力、营养状况和遗传抗性等。此外，猪流行性腹泻病毒、猪球虫、轮状病毒和其他细菌病原体也是发生该病的诱因。

【临床症状】　仔猪突然发病，精神沉郁，食欲减少或废绝，体温正常或偏低。特征症状是头部水肿，脸部、眼睑部水肿尤其明显，有时颈部和腹部皮下也出现水肿。病猪行走时四肢无力、摇摆，运动障碍，共济失调。有的卧地不起，对外界反应敏感，有的病猪做转圈运动盲目前进乱撞，倒地四肢乱动似游泳状，发出呻吟声或嘶哑叫声，随后前肢或后肢、后躯麻痹，不能站立。病程短，死亡极快。

【病理变化】 特征性病变是胃壁水肿，常见于胃幽门和贲门部，黏膜层和肌层之间有一层胶冻样水肿。胃内常充盈食物，黏膜潮红，有时出血。眼睑和面部以下及颌下淋巴结水肿，切面多汁，有时出血，结肠祥的肠系膜呈透明胶冻样水肿，充满于肠祥间隙。心包和胸腹腔有较多积液。

【诊　断】 根据发病猪日龄，临床特征（头部水肿、神经症状等）和病理变化（典型的水肿变化等），结合病程短、死亡极快等进行初步诊断。确诊需送相关单位或技术部门实验室诊断。

【防治措施】

1. 预防　本病发病急，死亡快，易防不易治。首先，加强饲养管理，搞好环境卫生，定期消毒，保持畜舍清洁干燥，可以用 3% 碱溶液、10%～20% 石灰乳、1%～2% 来苏儿溶液消毒。其次，仔猪应及时吮吸初乳，断乳前做好补料工作，增加含钙和富含维生素饲料，减少应激。最后，在断乳前 20 天和断乳当天各注射 1 次亚硒酸钠，可预防猪水肿病。0.1% 亚硒酸钠按每 5 千克体重 1～1.5 毫升做颈部肌内注射，次日剂量减半再注射 1 次。也可在饲料内添加适宜抗菌药物，如恩诺沙星、土霉素、硫酸新霉素，按每千克体重 5～20 毫克。

2. 治疗　通常使用盐类泻剂，排除或抑制肠道内细菌及其产物。用葡萄糖、氯化钙、甘露醇等静脉注射，安钠咖皮下注射，利尿素口服，对较慢性的病例有一定的疗效。

四、乳 房 炎

母猪的乳房炎是哺乳母猪常见的一种疾病。是指猪哺乳期间，由于病原微生物感染而引起一个或多个乳房发生炎症，而使乳汁分泌减少及成分改变的现象，常见于产后 5～30 天。本病以母猪一两个乳区或全乳区肿胀疼痛，拒绝仔猪吮乳为特征。

【病　因】 乳房炎的病原极为复杂，往往由多种因素引起。

一般认为是由于母猪乳头被仔猪咬伤或在地面摩擦或天气过冷冻伤等原因使乳头皮肤损伤的病原菌感染。猪舍卫生不良而引起的病原菌感染（常见的病原菌有葡萄球菌、链球菌、绿脓杆菌、致病性大肠杆菌、化脓棒状杆菌以及结核杆菌等）。非乳房原发部位的炎症，如子宫内膜炎，也可发生病灶转移而发生乳房炎。母猪分娩前后饲喂大量发酵和多汁饲料，乳汁分泌过多，积滞在乳房内，也常引起乳房炎。

【临床症状】 病猪乳房红肿热痛，不让仔猪吃乳。体温升高，精神不振，食欲减退或废绝。泌乳减少，病初乳汁呈稀薄水样，后变为脓汁样，含絮状物。

【防治措施】

1. 全身治疗法 抗菌消炎，选用广谱抗生素。

2. 局部疗法 对于轻度乳房炎，可采取热敷（温毛巾）、涂搽（鱼石脂软膏或鱼石脂鱼肝油或樟脑软膏或 5%～10% 碘酊）、封闭（青霉素 50 万～100 万单位，溶于 0.25% 普鲁卡因 20～40 毫升，进行乳房基部周围封闭）等措施。

五、应激综合征

应激是指动物机体受到不良因素强烈刺激时所产生的一系列应答性反应。猪应激综合征，是指机体在应急原（即能引起应激反应的刺激物）如长途运输、驱赶、鞭打、斗殴、中毒、感染、外伤、疫苗注射等各种物理性、化学性和生物性因素作用下，所产生的一种与刺激原无关的全身性非特异性反应。各种动物均可发生，但以猪最常见。主要表现为运输性肌变性；宰前无任何症状，宰后发生肌肉苍白、柔软、液体渗出的"水猪肉"或称"褪色性肥肉"；运输途中，无任何先兆症状的突然死亡，或称"突毙综合征"等。

【病　因】 饲养管理中的各种强烈刺激，如注射疫苗、捕捉、捆绑、鞭打、长途驱赶、惊吓等；突然改变环境或者长期处于不适环境，如肥育出栏、运输转移、长期软圈饲养、舍内温度过高或过低等；日粮营养成分不全，尤其是硒和维生素 E 缺乏等，均可成为应激原，引起或促进本病发生。

【临床症状】 本病临床表现多样，有以下几种类型。猝死性应激综合征，是最严重的一种类型，主要表现为在捕捉、惊吓、公猪配种时或者注射时，无任何先兆症状而突然死亡。恶性过热综合征，多发生于送屠宰的肥猪，其原因主要由于运输应激、热应激及拥挤应激，其导致部分肌肉发达的猪发生肌肉僵直，糖原酵解过多，产生大量乳酸，加之体温升高，造成肌间结缔组织的胶原纤维蛋白膨胀、软化。蛋白质中水分急速渗出；早期病猪表现肌肉和尾震颤，接着呼吸困难，心搏动强盛，皮肤时白时红，或出现红斑或紫斑，体温升高，可视黏膜发绀，最后衰竭死亡，尸僵快，肌肉变白、柔软而多水，故称为白猪肉或水猪肉。猪咬尾症，表现为猪互相咬尾，尾被咬伤、咬掉并继发感染而死亡；有咬尾癖的猪，多数对外界刺激敏感而凶暴，食欲减退，咬尾时间多在下午。

【防治措施】 依据应激原的性质和应激反应的程度，选用适当的抗应激药物。

猪群中发现有应激综合征早期症状的，如肌肉和尾震颤、呼吸困难而无节律、皮肤时红时白等，应立即将其单独饲养，给予充分休息，可以自愈。

病猪皮肤发绀、肌肉已僵硬的，应及时使用镇静剂、皮质激素、抗过敏药及解除酸中毒药。常用氯丙嗪，每千克体重 1～2毫克肌内注射，有较好的抗应激作用。由于应激原可引起反应性炎症或过敏性休克，故可选用皮质激素肌内或静脉注射，如水杨酸盐、盐酸苯海拉明等，配合用抗应激维生素、抗生素。

预防本病，一是依据应激的遗传特性，注意选种选育，凡外观丰满、皮紧、腿短、股圆、易惊恐、皮肤易发红斑、体温易

升高的应激敏感猪，一律不作种用，可作肉猪饲养，尽量减少刺激。二是改善饲养管理，减少或避免刺激，饮水要充足，日粮营养全价，给予足够的维生素 E 和微量元素硒。在猪的收购、运输、调拨等过程中要尽量减少各种不良刺激，避免惊恐，防止发生应激综合征。另外，猪送到屠宰地点后，应让其充分休息，散发体温，屠宰过程要快，并使胴体尽快冷却，以防止白猪肉或水猪肉的发生，保证猪肉质量。

六、猪坏死杆菌病

坏死杆菌病是由坏死梭杆菌引起的多种哺乳动物和禽类的一种慢性传染病。其特征为组织坏死。多见于皮肤、皮下组织和消化道黏膜，甚至在内脏形成转移性坏死灶。

本病广泛存在于世界各国。我国以猪、牛、绵羊、马、鹿发生较多。因各种动物的受害组织和部位不同而有不同病名，如腐蹄病、坏死性皮炎、坏死性口炎、坏死性乳房炎等。其中以马、牛、羊腐蹄病和猪的坏死性皮炎较为多见。

【病　原】 坏死梭杆菌属拟杆菌科梭杆菌属。菌体宽约 1 微米，长可超过 100 微米，多形性，小者呈球杆状，大者呈长丝状，多见于病灶及新分离的菌株。在熟肉培养基内新分离的菌株镜检可见平直的长丝状占优势，丝状体两边平行而有规则，或挺直，或弯成大弧。幼年培养物染色均匀，但 24 小时以上的培养物中的丝状体内常出现空泡。用苯酚－复红或碱性美蓝染色，其着色部分被几乎或完全不着色的空泡所分割开，形如佛珠样，在不染色的标本中很容易见到细胞质沿着长丝状菌呈不规则分布。本菌无鞭毛，无荚膜，无芽孢，无运动性，革兰氏染色阴性。

【流行病学】 本病可侵害多种动物。猪同绵羊、牛、马、鹿一样最易感，幼畜比成年畜易感。实验动物中以兔和小鼠较易感，豚鼠次之。

本菌是多种动物消化道的一种共生菌。家畜的粪便，被粪便污染的饲料、饮水、牧场、草地等，都有本菌存在。低洼潮湿地带更适合本菌生存。据报道，有 52.3%～64.7% 病畜粪便中能分离到坏死梭杆菌。

本菌很少或不能侵入正常的上皮，当皮肤和黏膜由于外伤、病毒感染，或长时间浸泡或被其他细菌感染而受到损伤时，则很容易被感染。局部病灶中的坏死梭杆菌易随血流而散布至全身其他组织或器官中，形成继发性坏死病变。

本病为散发性或地方流行性。多雨、潮湿及炎热的季节多发。本病常与猪瘟、副伤寒、口蹄疫、猪痘等并发或继发。

许多诱因能促进本病的发生。如猪圈长期不清粪、泥泞，吸血昆虫叮咬，过度拥挤、互相撕咬、践踏，缺乏钙、磷等矿物质及维生素，料中混有粗、硬的杂物。低湿地带或多雨季节，闷热、潮湿污秽的环境等均可使猪易感性增强。

【临床症状】 潜伏期从数小时至 1～2 周，一般 1～3 天。

根据受害组织部位不同，可分为坏死性皮炎、坏死性口炎、坏死性鼻炎和坏死性肠炎。

1. 坏死性皮炎 仔猪和架子猪常见。多发生于颈部、体侧和臀部的皮肤，也有在耳根、尾、乳房和四肢等处发生坏死。以体表皮肤及皮下发生坏死和溃疡为特征。病初，局部有痒感，并可见有少量盖有干痂的结节。质硬，微肿胀，无热无痛。痂下组织逐渐坏死，并形成囊状坏死加重，组织溶解，最终有灰黄色或灰棕色恶臭创液，随坏死灶的破溃流出。在体表形成少则四五处，多则十余处的边缘不整齐、创口小、创底凹凸不平（深 2～3 厘米）的坏死灶。有些严重病例，病变深达肌肉、腱、韧带和骨骼，形成透创（腹和胸腔）或肢端腐脱，发生在耳和尾的形成干性坏死，甚至脱落。母猪有时在乳头和乳房发生皮肤坏死，严重的乳腺坏死。个别猪可在全身或局部大面积皮肤形成干性坏死，如盔甲般覆盖体表，最后从其边缘逐渐剥离脱落。一般病猪全身症状不明显，治疗及时多数康复，病变处可形成愈合的瘢痕，少数由于恶病质而严重者表现体温升高、厌食、消瘦，最终死亡。

2. 坏死性口炎　又称"白喉"，多发生于仔猪。病初食欲不振、口臭、气喘、流涎，鼻孔流出黄色脓性分泌物。体温升高、腹泻、逐渐消瘦。口腔黏膜红肿，在齿龈、舌、上腭、唇黏膜、颊及咽等处，可见有灰白色或灰褐色粗糙、污秽的假膜，假膜下为溃疡面。坏死进一步发展到咽喉者，表现采食及呼吸严重困难、呕吐、颌下水肿。更为严重者，波及肺部或转移他处，导致病猪死亡。病程4～5天，长者可达2～3周。

3. 坏死性鼻炎　主要发生于仔猪和架子猪。鼻黏膜出现溃疡，溃疡面逐渐增大，并形成黄白色的伪膜。坏死病变有时波及至鼻甲软骨、鼻和面骨，严重的蔓延到副鼻窦、气管和肺组织。病猪表现呼吸困难、咳嗽、流脓性鼻液和腹泻。应与萎缩性鼻炎相区别。

4. 坏死性肠炎　常与猪瘟、副伤寒等病并发或继发。表现消瘦、严重腹泻，粪便中带有血液或脓汁、肠黏膜坏死碎片，有恶臭。

【病理变化】　死于坏死杆菌病的动物，除具有原发性坏死性炎灶外，一般内脏器官也有蔓延性或转移性的坏死灶。最常见的是肺脏的转移灶。肺脏的病灶眼观多为圆球形，质硬，周围有红色反应炎性带环绕，病程迁移者外围有结缔组织性包囊，切面见病灶中心为黄褐色坏死灶，切面干燥。镜检病灶中心部肺组织和渗出物均发生凝固性坏死，外围有大量白细胞浸润和充血、出血的炎性反应带；呈慢性经过的病灶，由于白细胞浸润，浸润带外围可见有肉芽组织增殖，形成包囊。严重时形成坏死性胸膜肺炎。肝脏及其他器官有时也可见转移性病灶，都与肺中病灶相仿。

【诊　断】　根据流行特点、临床症状、坏死组织的病理变化，可做出初步诊断。确诊需送检到相关检测部门诊断。

【防治措施】

（1）加强管理，改善饲养和卫生条件，经常保持猪舍、运动场及用具的清洁与干燥。避免咬伤和其他外伤，一旦发生外伤及时处理。发生本病后，及时隔离和治疗病畜，对污染场地、用具等进行消毒。

（2）治疗以局部治疗为主，配合全身疗法。坏死性皮炎应先彻底清除坏死组织，用1%高锰酸钾液或3%过氧化氢液冲洗，然后用1∶4的福尔马林–松榴油合剂、抗生素软膏、高锰酸钾–木炭末（等量）粉、5%碘酊、磺胺、大黄–石灰粉（大黄1份煮沸10分钟，掺入2份陈石灰，搅匀炒干，除去大黄，研成细末）等进行涂布。坏死性口炎应先去除假膜，用1%高锰酸钾液冲洗，再涂以碘甘油，每日2次至痊愈。或用硫酸铜轻擦患处至出血为止。隔日1次，连用3次。也可用氢氧化钠棒腐蚀病灶周围组织，其中坏死组织在氢氧化钠棒的作用下很快出现溶解，用棉球清除坏死组织后，再次用氢氧化钠棒刺激周围组织，一般1次即可治愈。全身治疗可防止继发感染和控制病情，可注射土霉素、四环素、磺胺类药物等。必要时，施以强心、解毒、补液等措施。

七、猪破伤风

破伤风又名"强直症""锁口风"，是由破伤风梭菌经伤口感染后，产生外毒素而引起的一种急性、中毒性传染病。特征主要表现骨骼肌持续性痉挛和对刺激反射兴奋性增高。

【病　原】　破伤风梭菌为长2.4～5.0微米，宽0.5～1.1微米的细长杆菌，两端钝圆、正直或微弯曲，多单个存在。幼年培养物革兰氏阳性，48小时后常呈阴性反应，能形成芽孢位于菌体一端，似鼓槌状，有周鞭毛，无荚膜。专性厌氧菌，普通培养基中即可生长，最适温度37℃，最适pH值7.0～7.5。表面可形

成直径4～6毫米，扁平、灰色、半透明，表面昏暗，边缘有羽毛状细丝的不规则圆形菌落，如小蜘蛛状。培养基湿润时可融合成片。血琼脂培养基上菌落周围可形成轻度的溶血环。深层葡萄糖琼脂培养菌落为绒毛状、棉花团状。

【流行病学】 各种家畜均易感。奇蹄兽易发生，猪也常发生本病。实验动物以豚鼠最易感，次为小鼠，家兔有抵抗力。

破伤风梭菌广泛存在于周围环境中，只有创伤才能引起感染。病畜不能直接传染健畜。猪多由阉割感染，其他各种创伤，断尾、断脐等也可能发生感染。有些病例见不到伤口，可能是伤口已愈合或经子宫、消化道黏膜损伤而感染。

本病散发，无季节性，易感动物中不分品种、年龄、性别均可发生。

【临床症状】 常由于阉割而感染。一般从头部肌肉开始痉挛，病猪眼神凶恶、发直，瞬膜外露，牙关紧闭，流涎，叫声尖细如鼠。应激性增高，四肢僵硬，赶行以蹄尖着地，呈奔跳姿势，出现强直步态。病情发展迅速，1～2天完全出现。随之，患猪行走困难，耳朵直立，尾向后伸直，头部微仰。最后不能行走，骨骼肌触感很硬。患猪呈角弓反张式侧卧，胸廓和后肢强直性伸张，直指后方。突然外来感觉刺激如触摸、声音或可见物的移动，可明显增强破伤风性痉挛。最后，呼吸加快、困难，在口鼻有时有白色泡沫。

病程长短不一，通常1～2周。在应激性不高的情况下，病猪表现口松，涎少，体温趋于正常，白细胞增生少，病程发展较缓慢，可能度过2周，多数可治愈；反之，则病死率极高。

【病理变化】 病猪死亡后无特殊有诊断价值的病理变化，仅在黏膜、浆膜及脊髓等处有小出血点，四肢和躯干肌间结缔组织有浆液浸润。病猪由于窒息死亡时，血液凝固不良呈黑紫色，肺脏充血及水肿，有的有异物坏疽性肺炎。

【诊 断】 猪破伤风的诊断主要是根据比较典型的临床症

状。多数病例，有明显的感染区，如阉割伤口和脐部脓肿。表现应激增高，肌肉强直，木马状。体温升高，神志不清醒等。如症状不明显，确诊需取样送检到相关检测部门。

【防治措施】

1. 治疗　必须采取综合疗法，才可取得好的疗效。

（1）**清除病原**　为清除病原，必须彻底清除脓汁、异物、坏死组织及痂皮，用3%过氧化氢溶液、2%高锰酸钾溶液或5%碘酊消毒创面。也可用烙铁对创口进行烧烙处理或撒入碘仿硼酸合剂，并在伤口周围用1%普鲁卡因10毫升、青霉素80万单位分点封闭，每天1次，连用2～3天。

（2）**中和毒素**　用破伤风抗毒素肌内注射或静脉注射，每头20～80万单位。实践证明，用同样剂量，一次大剂量注射比多次注射效果好，且注射时间越早效果越好。

（3）**对症治疗**　为镇静解痉，可用盐酸氯丙嗪30毫克/头和25%硫酸镁4～10毫升/头，肌内注射，每天1次，连用2～3天。也可用水合氯醛灌肠。出现酸中毒时，用5%碳酸氢钠100～250毫升静脉注射。对牙关紧闭、不能开口吃食者，用3%盐酸普鲁卡因3～5毫升行锁口、开关穴注射。同时进行输液以补充营养。

（4）**加强护理**　病猪单独置于光线较暗的干净圈舍中，冬季保温，夏季防暑，防止病猪摔倒。保持环境安静，避免各种音响刺激，减少痉挛发生的次数与强度。对采食困难的病猪给予营养丰富的流汁食物。不能开口者可行胃管灌服。

2. 预防　多发区，每年定期皮下接种精制破伤风类毒素1毫升，幼畜减半，一般3周后产生免疫力，免疫期1年，第二年再注射1次，免疫期可持续4年。受伤后应立即皮下或肌内注射抗毒素1 200～3 000单位，免疫期为14～21天。

注意防止外伤感染，去势和手术时要严格消毒，阴囊和伤口内要撒布碘仿硼酸合剂，术后应立即注射破伤风抗血清5 000～

10 000 单位。对刚产仔畜的脐带要用碘酊消毒，并防止尿污染。

八、猪滑液支原体关节炎

猪滑液支原体关节炎是由猪滑液支原体感染引起的一种单纯的非化脓性关节炎。这种关节炎常发生于 3.40～113.50 千克体重的猪，并且最常侵害膝关节，肩关节、肘关节和跗关节以及其他关节也可能受侵害。该病在美国、英国、德国、荷兰、丹麦均有报道。1988 年报道在荷兰屠宰猪中由于猪滑液支原体感染引起滑液囊炎的严重暴发。1995 年报道从丹麦屠宰猪的非化脓性关节炎采集的滑液样品中 8%～9% 分离到猪滑液支原体。

【病　原】 滑液支原体在许多方面和猪鼻腔支原体相似；但在另一些方面则明显不同。猪滑液支原体在富含猪胃黏液素的牛心浸液－禽血清培养基中生长旺盛，生长呈模糊的颗粒状结构；在液体培养基上出现微弱到中度蜡样薄膜；在琼脂培养基上的发育需 2～4 天，直径 0.5～1 毫米。

【流行病学】 母猪鼻咽感染率很高。病原长期存于带菌猪的喉部。小猪直到 4～8 周龄时，才会被成年带菌猪感染。在疾病的急性期，病猪从黏膜分泌物中排出大量的猪滑液支原体。

猪滑液支原体的鼻咽感染首先在少数几头 4～8 周龄的猪发生，同圈猪之间是否发生传染尚未进行彻底研究。然而，某些猪群的大部分猪到 12 周龄时都已经历了鼻部和咽部感染。扩散速度与群体密度及环境因素有关。

【临床症状】 病猪突然出现跛行，有轻度或没有体温升高。急性跛行持续 3～10 天之后逐渐好转。有时病猪跛行加重，甚至不能站立。感染猪群内，关节炎的发病率从 1%～5% 不等，死亡率很低，只是当感染的动物不能饮食或被同伴践踏时才出现死亡。

【病理变化】 急性型猪滑液支原体感染的关节，滑膜肿胀、水肿和充血。滑液量明显增加，呈黄褐色，可能含有纤维素片，亚急性型感染的病猪，滑膜黄色到褐色，充血、增厚。慢性型期间，滑膜增厚更为明显，可能见到血管翳形成。有时能见到关节软骨出现病变。

显微病变在急性期的病变与猪鼻支原体关节炎时见到的非常类似。绒毛轻度肥大，滑膜细胞层加厚，滑膜下组织被淋巴细胞、浆细胞及巨噬细胞浸润。

【诊　断】10～20周龄的猪暴发急性跛行，用青霉素治疗无效，可以初步诊断，确诊需送相关单位或技术部门实验室诊断。

【防治措施】

1. 治疗　注射泰乐菌素、林可霉毒或泰妙菌素，如果可能，与皮质醇联合使用，治疗效果最佳。据报道，泰妙菌素或林可霉素，10毫克/千克体重，肌内注射，每天1次，连用3天，可减轻跛行，并提高体重。

2. 预防　选择腿部健壮和活动能力强的猪作为种猪，在易感年龄杜绝各种应激发生，让后备种猪适应新的场所。

九、中　暑

日射病和热射病都是由于外界环境的光、热、温度等物理因素对动物机体的损害，导致体温调节功能障碍的一系列病理现象，统称为中暑。本病在炎热的夏季多见，病情发展急剧，甚至迅速死亡。

【病　因】盛夏酷暑，动物在强烈阳光下使役、驱逐或奔跑；或饲养管理不当，动物长期缺乏运动；或厩舍拥挤、闷热潮湿、通风不良；或用密闭而闷热的车运输等都是引起本病的常见原因。动物体质衰弱，心脏和呼吸功能不全，代谢功能紊乱，皮肤卫生不良，出汗过多、饮水不足、缺乏食盐，在炎热天气的条件下动物从北方运至南方，其适应性差、耐热能力低，都能促使本病发生。

【临床症状】

1. 日射病　常突然发生，病初患病动物精神沉郁、四肢无力，步态不稳，共济失调，突然倒地，四肢做游泳样划动。随病情进一步发展，体温略有升高，呈现呼吸中枢、血管运动中枢功能紊乱，甚至出现麻痹症状。心力衰竭、静脉怒张、脉微弱，呼吸急促而心律失调，结膜发绀，瞳孔散大，皮肤干燥。皮肤、角膜、肛门反射减退或消失，腱反射亢进，常发生剧烈的痉挛和抽搐而迅速死亡，或因呼吸麻痹而死亡。

2. 热射病　突然发病，体温急剧上升，高达41℃以上，皮温增高，甚至皮温烫手皮肤发红。患病动物站立不动或倒地张口气喘，两鼻孔流出粉红色、带小泡沫的鼻液。心悸、心音亢进，脉搏疾速，心律不齐，血压下降。濒死前，多有体温下降，常因呼吸中枢麻痹而死亡。

【防治措施】

（1）消除病因和加强护理，应将患病动物移至阴凉通风处，若卧地不起，可就地搭起荫棚，保持安静。

（2）降温疗法，不断用冷水浇洒全身，或用冷水灌肠，灌服1%冷盐水，头部放置冰袋，亦可用酒精涂搽体表。

（3）缓解心肺功能障碍，可皮下注射20%安钠咖等强心剂10～20毫升。防止肺水肿，按每千克体重静脉注射1～2毫克地塞米松。当病猪烦躁不安或出现痉挛时，可灌服或直肠灌注水合氯醛黏浆剂，或肌内注射2.5%氯丙嗪10～20毫升。若确诊病畜已出现酸中毒，可静脉注射5%碳酸氢钠500～1000毫升。

（4）中兽医疗法：病初治宜清热解暑、开窍、镇静，方用"白虎汤"合"清营汤"加减。临床实践证明，鲜芦根1500克、鲜荷叶5张，水煎，冷后灌服有效。

附　录

附表1　常用药物配伍效果表

分类	药物	配伍药物	配伍使用结果
青霉素类	青霉素钠、钾盐，氨苄西林类，阿莫西林类	喹诺酮类、氨基糖苷类、（庆大霉素除外）、多黏菌类	效果增强
		四环素类、头孢菌素类、大环内酯类、氯霉素类、庆大霉素、利巴韦林、培氟沙星	相互拮抗或疗效相抵或产生副作用，应分别使用、间隔给药
		维生素C、B族维生素、罗红霉素、维生素C多聚磷酸酯、磺胺类、氨茶碱、高锰酸钾、盐酸氯丙嗪、B族维生素、过氧化氢	沉淀、分解、失败
头孢菌素类	头孢系列	氨基糖苷类、喹诺酮类	疗效、毒性增强
		青霉素类、洁霉素类、四环素类、磺胺类	相互拮抗或疗效相抵或产生副作用，应分别使用、间隔给药
		维生素C、维生素B、磺胺类、罗红霉素、氨茶碱、氟苯尼考、甲砜霉素、盐酸强力霉素	沉淀、分解、失败
		强利尿药、含钙制剂	与头孢噻吩、头孢噻呋等头孢类药物配伍会增加毒副作用

续附表 1

分类	药物	配伍药物	配伍使用结果
氨基糖苷类	卡那霉素、阿米卡星、核糖霉素、妥布霉素、庆大霉素、大观霉素、新霉素、巴龙霉素、链霉素等	抗生素类	本品应尽量避免与抗生素类药物联合应用,大多数本类药物与大多数抗生素联用会增加毒性或降低疗效
		青霉素类、头孢菌素类、洁霉素类、甲氧苄啶	疗效增强
		碱性药物(如碳酸氢钠、氨茶碱等)、硼砂	疗效增强,但毒性也同时增强
		维生素 C、B 族维生素	疗效减弱
		氨基糖苷同类药物、头孢菌素类、万古霉素	毒性增强
	大观霉素	四环素	拮抗作用,疗效抵消
	卡那霉素、庆大霉素	其他抗菌药物	不可同时使用
大环内酯类	红霉素、罗红霉素、硫氰酸红霉素、替米考星、吉他霉素(北里霉素)、泰乐菌素、替米考星、乙酰螺旋霉素、阿齐霉素	洁霉素类、麦迪素霉、螺旋霉素、阿司匹林	降低疗效
		青霉素类、无机盐类、四环素类	沉淀、降低疗效
		碱性物质	增强稳定性、增强疗效
		酸性物质	不稳定、易分解失效
四环素类	土霉素、四环素(盐酸四环素)、金霉素(盐酸金霉素)、强力霉素(盐酸多西环素、脱氧土霉素)、米诺环素(二甲胺四环素)	甲氧苄啶、三黄粉	稳效
		含钙、镁、铝、铁的中药如矿石类、贝壳类、骨类、矾类、脂类等,含碱类,含鞣质的中成药,含消化酶的中药如神曲、麦芽、豆豉等,含碱性成分较多的中药如硼砂等	不宜同用,如确需联用应至少间隔 2 小时
		其他药物	四环素类药物不宜与绝大多数其他药物混合使用

续附表 1

分类	药物	配伍药物	配伍使用结果
氯霉素类	甲砜霉素、氟苯尼考	喹诺酮类、磺胺类	毒性增强
		青霉素类、大环内酯类、四环素类、多黏菌素类、氨基糖苷类、氯丙嗪、洁霉素类、头孢菌素类、B 族维生素、铁类制剂、免疫制剂、环林酰胺、利福平	拮抗作用, 疗效抵消

附表 2 各类猪群适宜的生长环境温度 (℃)

类　别	适宜温度
新生仔猪	30～32
哺乳仔猪	28～30
断乳仔猪（30～40 日龄）	21～22
断乳仔猪（40～90 日龄）	20～21
育肥猪	18～20
妊娠母猪（分娩前）	18～21
妊娠母猪（分娩后 1～3 天）	24～25
妊娠母猪（分娩后 4～23 天）	20～22

附表 3 各类猪舍适宜的空气相对湿度 (%)

猪舍种类	无采暖设备时	有采暖设备时
公猪舍	65～75	61～71
母猪舍	65～75	61～71
仔猪舍	65～75	61～71
肥猪舍	75～80	70～80

附表 4　猪场主要生产技术指标 （供参考）

项　目	指　标	项　目	指　标
妊娠期 / 天	114	平均初生重 / 千克	≥ 1.25
哺乳期 / 天	21～28	28 日龄平均重 / 千克	6～8.5
保育期 / 天	35	63 日龄平均重 / 千克	18～28
断乳至下次发情 / 天	2～10	150～170 日龄重 / 千克	90～115
年产胎次	2.1～2.4	经产母猪情期受胎率 /%	85
经产母猪窝均活仔数 / 头	10.0～13.0	后备母猪情期受胎率 /%	80
初产母猪窝均活仔数 / 头	9.5	分娩率 /%	95
哺乳仔猪成活率 /%	> 95.0	公母比例（人工授精）	1 : 250
断乳仔猪成活率 /%	> 90.0	公猪使用年限 / 年	2～3
生长育肥猪成活率 /%	98.0	母猪使用年限 / 年	3

附表 5　常用消毒药使用简明表

药物名称	配制浓度	使用范围及方法	注意事项
氢氧化钠（烧碱）	2%～3%	大门消毒池、道路、环境及猪舍空栏消毒	有强腐蚀性
生石灰	直接用或调制成 10%～20% 石灰乳	道路、环境及猪舍墙壁、地面、污水沟	现配现用，久置易失效
过氧乙酸	0.5%～1%	饲养场地、设施、运输工具及带猪消毒	易挥发，宜现配现用
高锰酸钾	0.1%	皮肤、黏膜及深部伤口的冲洗，常用于阉猪消毒	
碘酊	3%～5%	皮肤、伤口	
酒精	75%	皮肤、注射部位	易挥发

附表 6　疫苗药品采购记录表

采购日期	品名	生产厂家	批文批号	规格	数量	总价（元）	有效期	采购人

附表 7　药品使用记录表

使用时间	使用猪群	猪群症状	所用药品	给药途径	治疗效果	使用人	备注

附表 8　疫苗接种记录表

疫苗名称	免疫猪群	上次免疫时间	本次免疫时间	免疫次数	本次免疫剂量	反应情况	执行人

附表 9 日常消毒记录表

消毒时间	消毒对象	消毒剂名称及用量	消毒方法	执行人员	备　注

附表 10 病死猪无害化处理记录表

日　期	耳　号	处理原因	处理方式	执行人	备　注

参考文献

［1］李国平，周伦江，王全溪. 猪传染病防控技术［M］. 福州：福建科学技术出版社，2012.

［2］江斌，吴胜会，林琳. 猪病诊治图谱［M］. 福州：福建科学技术出版社，2015.

［3］修金生，盛佩良. 猪病诊治图谱［M］. 福州：福建科学技术出版社，2002.

［4］B.E. 斯特劳，S.D. 阿莱尔，W.L. 蒙加林，等. 猪病学［M］. 赵德明，张中秋，沈建忠，译. 8 版. 北京：中国农业大学出版社，2000.

［5］修金生，吴顺意，周伦江. 生态环保猪场设计与管理［M］. 福州：福建科学技术出版社，2010.

［6］陈会良，宋学成. 猪毛首线虫病的研究进展［J］. 黑龙江畜牧兽医，2015（3）：27–59.

［7］章金钢，宋秀龙，李万猛，等. 猪的消化系统疾病［J］. 中国兽医杂志，1998，2（7）：48–50.

［8］王建华. 兽医内科学［M］. 4 版. 北京：中国农业出版社，2010.

［9］张书霞. 兽医病理生理学［M］. 北京：中国农业出版社，2011.

［10］王春波，牛晓平，赵宝华. 我国猪主要寄生虫的种类、危害及防治研究进展［J］. 河北省科学院学报，2014，31（3）：71–78.